全国职业院校建筑类专业教材

QUANGUO ZHIYE YUANXIAO

室内设计

JIANZHULEI ZHUANYE JIAOCAI

肖华华◎主编

中国劳动社会保障出版社

图书在版编目（CIP）数据

室内设计 / 肖华华主编. -- 北京：中国劳动社会保障出版社，2024
全国职业院校建筑类专业教材
ISBN 978-7-5167-6107-6

Ⅰ. ①室… Ⅱ. ①肖… Ⅲ. ①室内装饰设计 - 职业教育 - 教材 Ⅳ. ①TU238

中国国家版本馆 CIP 数据核字（2024）第 069576 号

中国劳动社会保障出版社出版发行
（北京市惠新东街 1 号 邮政编码：100029）
*
三河市华骏印务包装有限公司印刷装订 新华书店经销
787 毫米 ×1092 毫米 16 开本 16 印张 356 千字
2024 年 5 月第 1 版 2024 年 5 月第 1 次印刷
定价：46.00 元

营销中心电话：400-606-6496
出版社网址：http://www.class.com.cn
http://jg.class.com.cn

近年来，我国建筑行业进入了新的发展阶段。基于对当前建筑行业技能型人才需求及职业院校教学实际的调研分析，我们组织开发了这套全国职业院校建筑类专业教材，分为“建筑施工”“建筑设备安装”“建筑装饰”和“工程造价”四个专业方向。教材的编审人员由教学经验丰富、实践能力强的一线骨干教师和来自企业的设计、施工人员组成。

在本次教材开发工作中，我们主要做了以下几方面工作：

第一，突出教材的实用性。在“适用、实用、够用”的原则下，根据建筑行业相关企业的工作实际和相关院校的教学需要安排教材结构和内容，设计了大量来源于生产、生活实际的案例、例题、练习题和技能训练，引导学生运用所学知识分析和解决实际问题，教材体系合理、完善，贴近岗位实际与教学实际。

第二，突出教材的先进性。根据当前建筑行业对岗位知识与技能的实际需求设计教学内容，贯彻新标准。例如，在相关教材中全面贯彻《混凝土结构施工图平面整体表示方法制图规则和构造详图（现浇混凝土框架、剪力墙、梁、板）》（22G101—1）和《建设用砂》（GB/T 14684—2022）等最新图集和国家标准，《建筑 CAD》以新版的 AutoCAD 软件作为教学软件载体等。此外，新材料、新设备、新技术、新工艺在相关教材中也得到了体现。

第三，突出教材的易用性。充分保证教材的印刷质量，全部主教材均采用双色或四色印刷，图表丰富，营造出更加直观的认知环境；设置了“想一想”和“知识拓展”等栏目，引导学生自主学习；教材配套开发了习题册参考答案和电子课件，可登录技工教育网（http://jg.class.com.cn）在相应的书目下载。

本套教材在编写过程中，得到了智能制造与智能装备类技工教育和职业培训教学指导委员会及一批职业院校的大力支持，教材的编审人员做了大量的工作，在此，我们表示诚挚的谢意！同时，恳切希望用书单位和广大读者对教材提出宝贵意见和建议。

编者

本书为全国职业院校建筑类专业教材，由人力资源社会保障部教材办公室组织编写。

本书共六章，第一章介绍了室内设计的要求、内容与方法以及风格和流派，第二章介绍了客厅、餐厅、厨房、卫生间、卧室以及书房等居住空间的设计，第三章介绍了门厅、员工办公室、会议室等办公空间的设计，第四章介绍了大堂、客房、舞厅以及桑拿房等酒店空间的设计，第五章介绍了服装店、书店等商店空间的设计，第六章介绍了前厅、大堂、包厢等餐饮空间的设计。第二章至第六章配有综合实训，每章还配有思考与练习题，帮助学生巩固所学内容。本书配有电子课件及习题册，电子课件及习题册答案可登录技工教育网（http://jg.class.com.cn）下载。

本书由肖华华任主编，李海军、许容萍任副主编，张增宝、蔡洪、徐方金、孙杰、徐伟参加编写。

目录 CONTENTS

第一章　室内设计概述 /1

第一节　室内设计的要求 /1
第二节　室内设计的内容与方法 /5
第三节　室内设计的风格和流派 /8

第二章　居住空间设计 /27

第一节　居住空间设计概述 /27
第二节　客厅设计 /41
第三节　餐厅设计 /57
第四节　厨房设计 /64
第五节　卫生间设计 /69
第六节　卧室设计 /74
第七节　书房设计 /86
第八节　综合实训 /94

第三章　办公空间设计 /100

第一节　办公空间设计概述 /100
第二节　门厅设计 /109
第三节　员工办公室设计 /114
第四节　会议室设计 /118
第五节　综合实训 /124

第四章　酒店空间设计 /127

第一节　酒店空间设计概述 /127
第二节　大堂设计 /133
第三节　客房设计 /141
第四节　舞厅设计 /149
第五节　桑拿房设计 /157
第六节　综合实训 /166

第五章　商店空间设计 /170

第一节　商店空间设计概述 /170
第二节　服装店设计 /186
第三节　书店设计 /195

第四节　综合实训 /203

第六章　餐饮空间设计 /205

第一节　餐饮空间设计概述 /205
第二节　前厅设计 /222
第三节　大堂设计 /226
第四节　包厢设计 /240
第五节　综合实训 /246

第一章 室内设计概述

学习目标

1. 了解室内设计的概念及分类。
2. 了解室内设计的依据和要求。
3. 能叙述室内设计的内容、方法和程序。
4. 熟悉室内设计的风格与流派。

第一节 室内设计的要求

一、室内设计的概念

室内设计通常同室内装饰或装潢、室内装修等几个词混杂着出现在人们生活中，但它们的含义有所区别。

室内装饰或装潢是指室内某处或某物“外表”的“修饰”，着重从视觉艺术角度来探讨和解决问题。室内装饰或装潢包括对室内地面、墙面、顶棚等各界面的处理，对装饰材料的选用，也包括对家具、灯具、陈设品的选用、配置和设计。

室内装修一词有最终完成的含义，室内装修着重于工程技术、施工工艺和构造做法等方面，顾名思义它主要是指土建施工完成后，对室内各个界面、门窗、隔断等进行最终装修的工程。

室内设计是指综合的室内环境设计，是根据建筑物的使用性质、所处环境和相应标准，运用现代物质技术手段和建筑美学原理，打造功能合理、舒适美观、满足人们物质和精神生活需要的室内空间环境的一门实用艺术。这一室内空间环境既具有使用功能，也能反映历史文化底蕴、建筑风格、环境气氛等，是物质与精神、科学与艺术、感情与理性的高度结合。

进行室内设计时，需要从整体上把握设计对象：使用性质——建筑物和室内空间应具有的功能；所处环境——建筑物和室内空间的周围环境状况；经济投入——相应工程项目的总投资和单方造价标准。

进行室内设计构思时，既需要运用物质技术手段，即使用各类装饰材料和设施设备等；也需要遵循建筑美学原理。这是因为室内设计作为“建筑美学”，除了要遵循艺术之间共通的美学法则之外，还需要综合考虑使用功能、结构施工、材料设备、造价标准等多种因素。

二、室内设计的分类

1. 按建筑空间的功能特性分类

按建筑空间的功能特性不同，室内设计可分为人居环境室内设计、限定性公共空间室内设计和非限定性公共空间室内设计。人居环境室内设计主要指住宅、各式公寓及集体宿舍等建筑空间的室内设计；限定性公共空间室内设计主要指学校、办公楼以及教堂等建筑空间的室内设计；非限定性公共空间室内设计主要指旅馆饭店、影院、娱乐空间、展览空间、图书馆、体育馆、火车站、航站楼、商店等建筑空间的室内设计。

2. 按建筑空间的使用功能分类

按建筑空间的使用功能不同，室内设计可分为居住建筑空间室内设计、公共建筑空间室内设计、工业建筑空间室内设计、农业建筑空间室内设计，如图 1–1–1 所示。

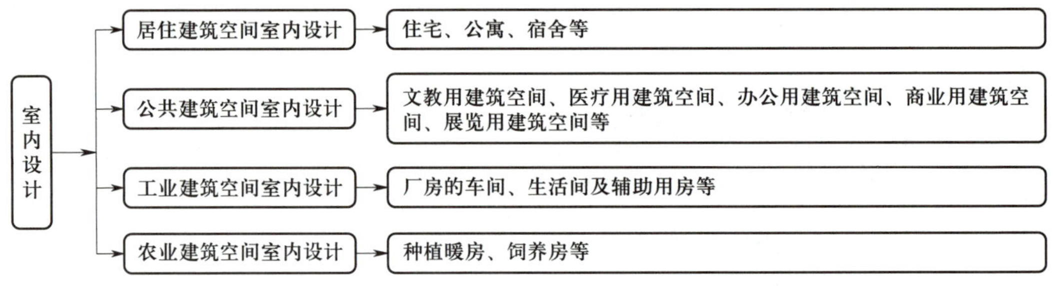

图 1–1–1　室内设计分类（按建筑空间的使用功能分类）

（1）居住建筑空间室内设计主要涉及住宅、公寓和宿舍的室内设计，具体包括前室、起居室、餐厅、书房、卧室、厨房、卫生间、工作室的室内设计。

（2）公共建筑空间室内设计主要涉及文教用建筑空间、医疗用建筑空间、办公用建筑空间、商业用建筑空间、展览用建筑空间、娱乐用建筑空间、体育用建筑空间、交通用建筑空间的室内设计。

1）文教用建筑空间室内设计主要涉及学校教学楼、图书馆、科研楼等建筑空间的室内设计，具体包括门厅、玄关、中庭、教室、活动室、阅览室、实验室、机房等的室内设计。

2）医疗用建筑空间室内设计主要涉及医院、社区诊所、疗养院等建筑空间的室内设计，具体包括门诊室、检查室、手术室和病房等的室内设计。

3）办公用建筑空间室内设计主要涉及行政办公楼和商业办公楼内部办公室、会议室以及报告厅的室内设计。

4）商业用建筑空间室内设计主要涉及商场、便利店、餐饮等建筑空间的室内设计，具体包括营业厅、专卖店、酒店、茶室、餐厅等的室内设计。

5）展览用建筑空间室内设计主要涉及各种美术馆、展览馆和博物馆等建筑空间的

室内设计，具体包括展厅和展廊等的室内设计。

6）娱乐用建筑空间室内设计主要涉及各种舞厅、歌厅、KTV、游艺厅等建筑空间的室内设计。

7）体育用建筑空间室内设计主要涉及各种类型的体育馆、游泳馆等建筑空间的室内设计，具体包括用于不同体育项目的比赛、训练的用房及其配套的辅助用房的室内设计。

8）交通用建筑空间室内设计主要涉及车站、候机楼、码头等建筑空间的室内设计，具体包括候机厅、候车室、候船厅、售票厅等的室内设计。

（3）工业建筑空间室内设计主要涉及各类厂房的车间、生活间及辅助用房等的室内设计。

（4）农业建筑空间室内设计主要涉及各类农业生产用房如种植暖房、饲养房等的室内设计。

人们常笼统地把室内设计分为家装设计和工装设计两大类，从事家装设计的公司一般承接各类公寓、别墅的室内设计项目；从事工装设计的公司一般根据建筑空间类型不同承接不同的室内设计项目，比如专业从事星级酒店及会所设计的工装设计公司。

三、室内设计的依据与要求

室内设计的出发点和最终目的都是为人服务，满足人们生活、生产活动的需要，为人们创造理想的室内空间环境，使人们生活在其中能感受到被关怀和被尊重。舒适合理的室内空间环境，同样也能启发、引导人们，甚至能在一定程度上改变人们的生活方式和行为模式。要想创造理想的室内空间环境，必须了解室内设计的依据和要求。

1. 室内设计的依据

设计师进行室内设计前，必须对建筑物的功能特点、设计意图、结构构成、设施设备等情况有充分了解，进而对建筑物所在地区的室外环境等也有所了解。具体地说，室内设计主要有以下依据：

（1）人体尺度以及人们在室内停留、活动、交往、通行的空间范围。人体尺度是指人体及其各部位在自然状态下的各种三维尺寸或相对尺寸和在活动姿态下的各种相对尺寸，经统计分析后所形成的尺寸系列。它是确定室内门扇的高宽度、踏步的高宽度、窗台阳台的高度、家具的尺寸及其互相之间距离，以及楼梯平台高度、室内净高等的最小值的基本依据。

（2）家具、灯具、设备、陈设品等的尺寸，以及使用、安置它们时所需的空间。在室内空间中，除了人的活动，主要占用空间的内含物包括家具、灯具、设备、陈设品等。图 1–1–2 所示为丹麦建筑师马丁·维恩伯格设计的度假住宅，该住宅室内的家具、灯具设计透露着简约舒适的美。

对于灯具、空调设备、卫生洁具等，由于在建筑物的土建设计与施工时，对管网布线等已有整体布置，室内设计时应尽可能在它们的接口处予以连接、协调。当然，对于出风口、灯具位置等因室内合理使用和造型等要求，适当在接口上做些调整也是允许的。

图 1-1-2　丹麦建筑师马丁·维恩伯格设计的度假住宅

（3）室内空间的结构构成、构件尺寸，设施管线等的尺寸和制约条件。室内空间的结构体系、柱网的开间间距、楼面的板厚梁高、风管的断面尺寸以及水电管线的走向和铺设要求等，都是组织室内空间时必须考虑的。有些设施内容，如风管的断面尺寸、水管的走向等，在与有关工种的协调下可做调整，但仍然是组织室内空间必要的依据条件和制约因素。例如，集中空调的风管通常设置在板底下，计算机房的各种电缆管线通常铺设在架空的地板内，室内空间的竖向尺寸设置时必须考虑这些因素。

（4）环境要求、可供选用的装饰材料和可行的施工工艺。室内设计构思要想落实，地面、墙面、顶棚等各个界面必须使用装饰材料和采用可行的施工工艺。因此，这些依据必须在室内设计开始时就考虑到，以保证设计构思的顺利落实。

（5）业主确定的投资限额和建设标准，以及设计任务要求的工程施工期限。它们是室内设计的重要前提。

室内设计与建筑设计的不同之处：对于同一个旅馆的大堂，相对而言，不同方案的土建单方造价比较接近，而不同建设标准的室内装修的单方造价可以相差几倍甚至十多倍。例如，一般普通旅馆大堂的室内装修单方造价为 1 000 元左右，而五星级旅馆大堂的室内装修单方造价可以高达 8 000 ~ 10 000 元。由此可见，投资限额与建设标准是室内设计时依据的必要因素。同时，不同的工程施工期限也会导致室内设计采用不同的装饰材料、安装工艺以及界面设计处理手法。

建设单位提出的设计任务书以及有关的规范和定额标准，原有建筑物的总体布局和建筑设计总体构思也是室内设计时的重要依据。

2. 室内设计的要求

（1）室内空间组织和平面布局合理，室内声、光、热效应符合使用要求，能满足

室内环境对物质功能的需要。

（2）空间构成和界面处理造型优美，光、色配置宜人，环境气氛符合建筑物性格，能满足室内环境对精神功能的需要。图 1–1–3 所示是巴黎卢浮宫博物馆门前金字塔及入口大厅，它的设计在空间处理上极富魅力。

（3）装修构造和采用的技术措施合理，选择的装饰材料和设施设备合适。

（4）符合安全疏散、防火、卫生等设计规范，遵守与设计任务相适应的有关定额标准。

（5）设计作品要具有未来可调整室内功能、更新装饰材料和设备的可能性。当今社会生活节奏日益加快，建筑物室内的功能复杂而又多变，室内装饰材料、设施设备、门窗等构配件的更新换代也日新月异。室内设计和建筑装修的“无形折旧”更趋突出，更新周期日益缩短，同时人们对室内环境艺术风格和气氛的欣赏和追求也是随着时间的推移而不断改变。现代室内设计的一个显著特点是时间的推移会引起室内功能的变化，因此，设计师需要用发展的眼光看问题。

（6）符合节能、节材的要求。应注意充分利用和节省室内空间，将环保因素考虑在内，以符合可持续发展的要求。

图 1–1–3　巴黎卢浮宫博物馆门前金字塔及入口大厅

第二节　室内设计的内容与方法

室内设计需要将建筑物的实用性、功能性、审美性与人们内心的情感特征等有机结合起来，它是艺术设计语言和艺术风格的具体表现。

一、室内设计的内容

1. 室内空间组织和界面处理

室内空间是由顶面、墙面、地面围合而成的。在进行室内空间组织前，设计师需要对建筑物的设计意图有充分了解，对建筑物的总体布局、功能、人流动向以及结构体系等有深入的了解，以在室内设计时对室内空间进行合理规划。

室内界面是指围合成室内空间的顶面、墙面、地面。室内界面处理是指对室内空间的地面、墙面、顶面等各界面的使用功能和特点进行分析，对界面的形状、图形线脚、肌理构成进行设计，以及对界面和结构的连接方式，界面和风、水、电等管线设施的协调配合等进行设计。界面处理不一定要做“加法”，从建筑物的使用性质、功能特点方面考虑，也可以不装饰一些建筑物的结构构件，这也是界面处理的手法之一。

室内空间组织和界面处理的工作内容是确定室内环境的基本形态和线形，设计时应以室内空间的物质功能和精神功能为依据，同时考虑相关的客观环境因素和使用者的主观心理感受。

2. 室内光照设计、色彩设计和饰面材料选用

（1）室内光照设计。室内光照是指室内环境的天然光照和人工光照，光照除了能满足正常工作、生活对采光、照明的要求，还能有效地起到烘托室内环境气氛的作用。

（2）色彩设计。色彩是室内设计最为生动、最为活跃的元素，室内色彩往往会影响人们对室内环境的第一印象。色彩最具表现力，影响着人们的视觉感受，能使人产生丰富的联想。

光和色不能分离，除了光的色彩，其他色彩必须依附于界面、家具、室内织物、绿化等物体存在。进行室内色彩设计时，需要根据建筑物的性格，室内环境的用途，人的活动特点、停留时间长短等因素，确定室内主色调，并进行适当的色彩配置。

（3）饰面材料选用。饰面材料选用直接关系到室内设计的实用效果和经济效益，巧于用材是室内设计中的一门学问。饰面材料能同时满足使用功能和人们对美的追求，例如坚硬、平整的花岗石地面，平滑、精巧的镜面饰面，轻柔、细软的室内纺织品，以及自然、亲切的木质面材等。室内设计中的形、色，最终必须与所选“载体”——饰面材料相匹配，给人们以舒适的视觉和心理感受。

3. 室内内含物——家具、陈设品、灯具、绿化等的设计和选用

家具、陈设品、灯具、绿化等室内内含物，可以相对脱离界面布置于室内空间，在室内环境中，它们的实用和观赏价值都极为突出，通常处于视觉显著的位置，家具还可直接与人体接触。家具、陈设品、灯具、绿化等对烘托室内环境气氛、形成室内设计风格等有举足轻重的作用。

绿化在现代室内设计中具有不可代替的特殊作用。绿化具有改善室内小气候和吸附粉尘的功能，更为主要的是，绿化可使室内环境看起来生机勃勃，有自然气息，令人赏心悦目，在快节奏的现代社会生活中具有调和人们心理的作用。

上述室内设计三个方面的内容，其实是一个有机联系的整体：光、色、形让人们能更好地感受室内环境，光照下的界面和家具等是色彩和造型的“载体”，灯具、陈设品又必须和室内空间、界面相协调，如图 1–2–1 所示。

二、室内设计的方法

1. 室内设计思维方法

（1）大处着眼、细处着手，深入推敲总体与细部。大处着眼是室内设计应遵循的基本原则，这样设计师在室内设计时思考问题和着手设计的起点就高，能有考虑全局

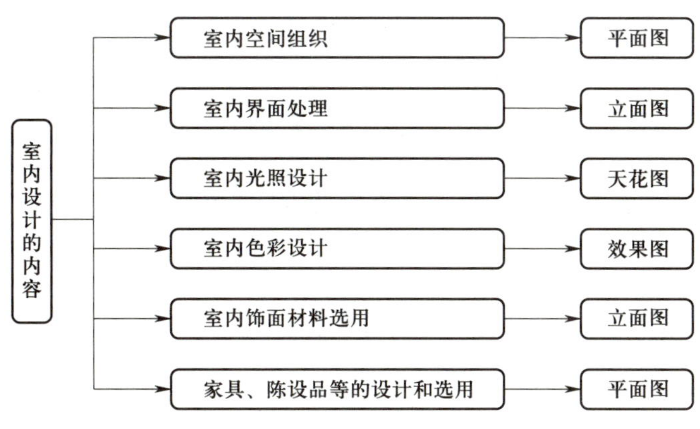

图 1-2-1　室内设计的内容

的观念。细处着手是指进行具体设计时，设计师必须根据室内空间的使用性质，深入调查，收集信息，掌握必要的资料和数据，从最基本的人体尺度，人的活动路线、活动范围和特点，家具与设备等的尺寸和使用它们所需的空间等方面着手。

（2）从里到外、从外到里，局部与整体协调统一。建筑创作应是内部构成和外部联系之间相互作用的结果。室内环境的“里”和与这一室内环境连接的其他室内环境，以及建筑物室外环境的“外”，它们之间有着相互依存的密切关系，室内设计时需要从里到外，从外到里多次反复修改、完善，以使设计更趋合理。室内环境需要与建筑物整体的性质、标准、风格以及室外环境协调统一。

（3）意在笔先或笔意同步，立意与表达并重。意在笔先原是指绘画时必须先有立意，即深思熟虑，有了立意后再动笔，也就是说设计的构思、立意至关重要。可以说，一个设计作品，没有立意就等于没有“灵魂”，设计的难度也往往取决于设计的构思。具体设计时意在笔先固然好，但是一个较为成熟的构思在具体实施时，往往需要足够的信息支持，需要商讨和思考的时间，因此，也可以边动笔边构思，即笔意同步，在设计前期和制定方案过程中使立意、构思逐步明确，但关键仍然是要有一个好的构思。

对于室内设计来说，能正确、完整、富有表现力地表达室内设计的构思，使建设者和评审人员能够通过图样、模型、说明等，全面了解室内设计的构思是非常重要的。在设计投标竞争中，图样的完整、精确、漂亮是第一关，因为在设计中，形象是很重要的一个方面，而图样则是设计语言的表达形式，一个优秀的室内设计作品的构思和表达应该是一致的。

2. 室内设计的程序

室内设计根据设计的进程，通常可以分为四个阶段，即设计准备阶段、方案设计阶段、施工图设计阶段和设计实施阶段。

（1）设计准备阶段。设计准备阶段主要工作任务包括：接受委托任务书，签订合同或者根据标书要求参加投标；明确设计期限并制订设计计划，考虑各有关工种的配合与协调方式；明确设计任务和要求，如设计标的的使用性质、功能特点、规模、等级标准、总造价等，根据设计标的的使用性质打造室内环境氛围、文化内涵或艺术风格等；熟悉设计有关的规范和定额标准，收集、分析必要的资料和信息，可进行现场调查、踏勘和参观同类型建筑物等。在签订合同或制作投标文件时，还要做好设计进度安排和确定设计费率标准（即业主支付的设计费占室内装饰总投入资金的百分比）。

（2）方案设计阶段。方案设计阶段工作任务包括：在设计准备阶段的基础上，进一步收集、分析、运用与设计任务有关的资料和信息，开始构思，进行初步方案设计、具体方案设计、方案的分析与比较；确定初步设计方案，提供设计文件。室内初步设计方案的文件通常包括：

1）平面图，常用比例为 1∶50，1∶100。

2）室内立面图，常用比例为 1∶20，1∶50。

3）室内天花图，常用比例为 1∶50，1∶100。

4）室内透视效果图。

5）室内装饰材料实样版图。

6）设计意图说明和造价概算。

（3）施工图设计阶段。初步设计方案经审定后，方可进行施工图设计。施工图设计阶段需要设计施工所必要的有关平面布置、室内立面和天花等的图样，还需设计包括构造节点的详细图、细部大样图以及设备管线图，以及编制施工说明和造价预算。

（4）设计实施阶段。设计实施阶段即工程的施工阶段。室内工程在施工前，设计人员应向施工单位进行设计意图说明及图样的技术交底；工程施工期间设计人员需按图样要求核对施工实况，有时还需根据施工实况对图样进行局部修改或补充；施工结束时，设计人员要会同质检部门和建设单位进行工程验收。

为了取得预期效果，室内设计人员必须抓好室内设计各阶段的工作要点，充分重视设计、施工、材料选用、设备安装等过程，重视室内环境与建筑物的建筑设计、设施设计的衔接，同时还须维护好与建设单位、施工单位的关系，在设计意图和构思方面与他们积极沟通并达成共识。

第三节 室内设计的风格和流派

一、室内设计的风格

室内设计风格是不同的时代思潮和地区文化，通过创作、构思和发掘，逐渐发展形成的具有代表性的室内设计样式。风格虽然表现于形式，但风格有着艺术、文化、社会发展等深刻内涵，从这一层次来说，风格又不等同于形式。在历史上，一种风格一旦形成，它能转而积极或者消极地影响文化、艺术以及其他的社会要素。

一般室内设计的风格往往是和建筑物以及家具的风格紧密相连的，有时也与相应时期的绘画、文学、音乐等风格相互影响。一个室内空间的设计品位与风格决定了室内设计的水平，因此在室内设计之前一般要根据实际情况选定设计风格，以通过设计图样把设计风格表现出来。

传统的室内设计风格及当代的室内设计风格主要有以下几种。

1. 古典风格

古典风格泛指人类在进入工业革命前的传统装饰风格，按照地域可以分为西方古典风格和东方古典风格。西方古典风格主要有古希腊风格、古罗马风格、哥特式风格、文艺复兴风格、巴洛克风格、洛可可风格、新古典主义风格等。东方古典风格可分为中国古典风格、日本古典风格、印度古典风格等。古典风格常给人们以历史延续和地域文化传承的感受。古典风格室内设计突出了民族文化的特征，在室内布置、线形、色调以及家具、陈设品的造型等方面充分体现传统装饰“形”“神”的特征。

（1）西方古典风格。

1）古希腊风格。古希腊人创造了辉煌的希腊文明，位于雅典的古希腊建筑遗迹，为我们提供了可借鉴的室内设计样式，如图 1–3–1 所示。古希腊建筑有三种经典的柱式设计（见图 1–3–2）：第一种是多立克柱式，柱身上细下粗，柱子上端直径为下端直径的 4/5，柱面刻有 16 ~ 21 条槽纹，柱底无柱脚，柱子直接立于台座之上，柱顶有柱头，柱下端直径与柱高的比例为 1 : 5.5。第二种是爱奥尼柱式，柱身比例与多立克柱式相同，但是其高度是柱下端直径的 9 倍，柱身细长。柱头上端接以螺纹装饰，中间嵌珠串装饰，柱底置于柱脚之上，整个柱型有一种端庄、华美之感。第三种是科林斯柱式，柱身造型大致与爱奥尼柱式相同，但柱头装饰繁复，由三层琐碎的莨苕组成，像一个精美的花篮。

图 1–3–1　古希腊建筑遗迹

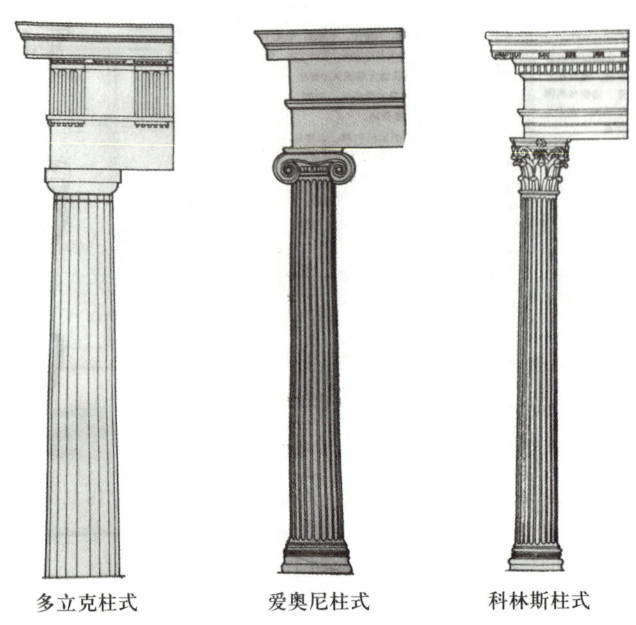

图 1-3-2　古希腊建筑三种经典的柱式设计

2）古罗马风格。古罗马风格以豪华、壮丽为特色，券柱式造型是古罗马人创造的。券柱式造型两柱之间有一个券洞，券与柱大胆结合，极富兴味，采用券柱式造型是西方室内装饰最鲜明的特征，如图 1-3-3 所示。广为流行和实用的有罗马多立克柱式、罗马塔斯干柱式、罗马爱奥尼柱式、罗马科林斯柱式及其发展形成的罗马混合柱式。古罗马风格柱式、穹窿顶造型曾经风靡一时，是西方古典建筑装饰的显著特征，至今在建筑装饰中还广泛应用。

图 1-3-3　券柱式造型

3）哥特式风格。哥特式风格是对古罗马风格的继承，直升的线形、体量急速升腾的动势、奇突的空间推移是其基本风格。哥特式风格室内设计窗饰喜用彩色玻璃，多采用蓝色、深红色、紫色等色彩，善于 12 种颜色综合应用，斑斓富丽、精巧迷幻。哥特式风格建筑的代表是巴黎圣母院，如图 1–3–4 所示。哥特式风格的彩色玻璃窗饰是非常有名的，在家装吊顶时可局部采用，能带来梦幻般的装饰意境。

图 1–3–4 巴黎圣母院

4）文艺复兴风格。文艺复兴风格是继哥特式风格之后非常流行的一种室内设计风格，在理论上它以文艺复兴思潮为基础；在造型上它排斥象征神权至上的哥特式风格，提倡复兴古罗马时期的建筑形式，特别是古罗马风格的柱式比例，半圆形拱券，以穹窿顶为中心的建筑形体等。基于对中世纪神权至上的批判和对人道主义的肯定，文艺复兴风格的设计师希望借助复兴古罗马时期的建筑形式来重新塑造理想中的社会秩序，所以一般而言文艺复兴风格的建筑是讲究秩序和比例的，拥有严谨的立面和平面构图以及从古罗马风格的建筑中继承下来的柱式系统。文艺复兴风格代表建筑有意大利佛罗伦萨大教堂（见图 1–3–5）、意大利维琴察圆厅别墅和法国枫丹白露宫等。

图 1–3–5　意大利佛罗伦萨大教堂

5）巴洛克风格。巴洛克风格是诞生于文艺复兴高潮后的一种文化艺术风格。它的外文名为 baroque，意为畸形的珍珠，巴洛克风格的艺术特点是怪诞、扭曲、不规整。巴洛克风格的基调是富丽堂皇而又新奇欢畅，具有强烈的世俗享乐的味道。巴洛克风格室内设计主要有四个方面的特征：

①炫耀财富。常常用大量贵重的材料进行精细的加工、刻意的装饰，以显示富有与高贵。

②不囿于结构逻辑。常常采用一些非理性组合手法，以打造反常与奇特的特殊效果。

③充满欢乐的气氛。提倡世俗化，反对神化，提倡人权，反对神权的结果是人性的解放，这种人性的光芒照耀着艺术，给文艺复兴艺术印上了欢快的色彩。

④标新立异。喜欢采用以椭圆形为基础的波浪形平面和立面，以使建筑形象有动态感；把建筑和雕刻二者混合搭配，以求新奇感；用高低错落及形式构件之间的某种不协调打造刺激感。标新立异、追求新奇是巴洛克风格建筑最显著的特征，如圣卡罗大教堂（见图 1–3–6）、意大利罗马的特雷维喷泉。

图 1–3–6　圣卡罗大教堂外立面及天花

6）洛可可风格。洛可可风格是 18 世纪盛行于欧洲宫廷的一种室内设计风格。它的特征是：崇尚装饰、繁琐堆砌、矫揉造作、纤细矫情。洛可可风格室内设计的主要特点有：雕梁画栋，大量采用贵金属，家具纤细、轻薄，极装饰之能事；在石材建筑结构基础上增加非常多的、复杂的、跳动的曲线，用石材和木材以及其他材质的装饰材料打造丰厚、华丽的室内环境，以突显宗教、皇权以及贵族的身份地位。洛可可风格的建筑展现了上层社会的奢靡生活，渗透着浓重的脂粉气，如图 1–3–7 所示。

7）新古典主义风格。新古典主义风格的室内设计从简单到繁杂、从整体到局部，精雕细琢，镶花刻金，给人一丝不苟的感觉。它一方面保留了洛可可风格在装饰材料质地、色彩选用方面的特点，仍然透露着历史的印迹与浑厚的文化底蕴，另一方面摒弃了过于复杂的肌理和装饰，简化了装饰线条。常见的壁炉、水晶宫灯、罗马柱是新古典主义风格室内设计的经典元素。新古典主义风格室内设计的主要特点有：多采用古典的曲线条和曲面，不采用古典的雕花，同时多采用现代的直线条。美国总统杰斐逊（T. Jefferson，1743—1826 年）的住宅是新古典主义风格的代表建筑，如图 1–3–8 所示。

图 1-3-7　洛可可风格的建筑

图 1-3-8　美国总统杰斐逊的住宅

（2）东方古典风格。

1）中国古典风格。室内设计中，中国古典风格主要体现在传统家具（多以明清家具为主）、装饰品及以黑、红为主的装饰色彩上。中国古典风格室内设计的特点有：总体布局对称均衡、端正稳健，在装饰细节上崇尚自然情趣，花鸟、鱼虫等精雕细琢、富于变化，充分体现出中国传统美学精神。

如今室内设计中的中国古典风格，并非完全意义上复刻明清风格，而是通过延续中国古典风格室内设计的特征，表达对清雅含蓄、端庄丰华的东方式精神境界的追求。图 1–3–9 所示为新中国古典风格室内设计。

图 1–3–9　新中国古典风格室内设计

2）日本古典风格。日本古典风格又称和风，该风格在设计师、画家等群体中比较受推崇，它之所以如此流行并且被广为接受，实际上是因为它是世界上所有古典风格中最为“现代”的一种风格，它的室内构成方式及装饰设计手法迎合了现代美学原则。

日本古典风格追求一种悠闲、随意的生活意境。日本古典风格室内设计空间造型极为简洁，多采用清晰的线条，而且在空间划分上摒弃曲线，具有较强的几何感。日本古典风格室内设计最大的特征是注重多功能性，例如，一个房间，白天放置书桌它就成了客厅，放上茶具它就成了茶室，晚上在地上铺上寝具它就成了卧室。和风式居室的地面（草席、地板）、墙面涂料、天花板木构架、白色窗纸，均由天然材料制成；门窗框、天花、灯具均采用格子分割，设计手法极具现代感；室内装饰主要是日本式的字画、浮世绘、茶具、纸扇、武士刀、玩偶及面具，也有直接用和服来点缀室内环境的，色彩单纯，氛围清雅纯朴。图 1–3–10 所示为日本古典风格室内设计。

3）印度古典风格。印度古典风格具有浓郁的民族特色——色彩艳丽、线条繁复。印度纺织工艺发达，按照印度的传统，人应该席地而坐，漂亮的地毯和挂毯是室内空间最重要的装饰品；也正是因为席地而坐的传统，在印度，家具尺寸普遍不大。除了纺织品，印度的铜器、银器、木器等工艺品也很有特色。图 1–3–11 所示为印度古典风格室内设计。

图 1-3-10　日本古典风格室内设计

图 1-3-11　印度古典风格室内设计

2. 近现代风格

（1）工艺美术运动风格。工艺美术运动是 19 世纪下半叶起源于英国的一场设计改良运动，它产生的背景是工业大批量生产造成的设计水准下降，导致英国和其他国家的设计师希望能够复兴中世纪的传统手工艺。这场运动的特点有：强调手工艺，明确反对机械化生产；在装饰上反对矫揉造作的维多利亚风格和其他各种古典、传统的复兴风格；提倡哥特式风格和其他中世纪风格，讲究简单、朴实，功能良好；主张设计诚实原则，反对华而不实的风格；装饰上推崇自然主义风格和东方风格。图 1-3-12 所示为工艺美术运动风格室内设计。

（2）新艺术运动风格。新艺术运动与工艺美术运动有许多相似处：它们都反对维多利亚风格和其他过分装饰的风格；都是对工业化风格的反映；都旨在恢复手工艺；都放弃了传统装饰风格转向自然装饰风格；都受日本装饰风格的影响。但它们之间又有区别：工艺美术运动推崇中世纪的哥特式风格，而新艺术运动放弃了所有的传统装饰风格，完全走向自然装饰风格，它强调自然中不存在平面和直线，在装饰上要突出曲线、有机形态，装饰动机基本来源于自然形态。虽然新艺术运动在各国之间有很大区别，但其在追求、探索装饰新风格上是一致的。

新艺术运动的代表人物有维克多·霍塔、吉马德、安东尼奥·高迪等。维克多·霍塔是比利时新艺术运动的建筑大师，他在建筑与室内设计中经常使用葡萄蔓般相互缠绕和螺旋扭曲的线条，如图 1-3-13 所示。这种线条被称为“比利时线条”或“鞭线”，它起伏有力，是比利时新艺术运动风格的代表性特征。吉马德是法国新艺术运动的代表人物。法国新艺术运动受到唯美主义与象征主义的影响，追求华丽、典雅

图 1-3-12　工艺美术运动风格室内设计

图 1-3-13　比利时线条

的装饰效果。吉马德最有影响力的作品是他为巴黎地铁设计的地铁入口的栏杆、灯柱和护柱，它们全都采用了起伏卷曲的植物纹样设计。这些设计让新艺术运动风格被戏称为“地铁风格”。西班牙新艺术运动以建筑师安东尼奥·高迪为代表人物，他借鉴了东方古典风格与哥特式风格建筑的结构特点，结合自然装饰风格，以浪漫主义的幻想，将极力软化的曲线趣味渗透到三度空间的建筑之中，巴塞罗那的米拉公寓是他的代表作品。

（3）装饰艺术运动风格。装饰艺术运动于1920年在巴黎产生。装饰艺术运动风格是一种明确的现代风格，它的灵感来自新艺术、俄国芭蕾、美洲印第安艺术。装饰艺术运动风格崇尚光滑的表面、异域的情调、奢侈的材料和重复的几何块体，在家具和配件设计中，尤其是在金属部件设计中，往往采用怪异的动植物形象。装饰艺术运动的领袖是鲁尔曼，他喜欢设计收分的、带凹槽的椅子腿和鼓形的桌子，在室内装饰设计中他常使用鲨鱼皮、蜥蜴皮、海龟壳、外国硬木等昂贵材料，这使他的业主局限于极少数的富豪。

后来，装饰艺术运动传入美国，与美国的大众文化相融合，形成了独具特点的“爵士摩登”风格。“爵士摩登”风格豪华、夸张、迷人、怪诞，主要表现在建筑设计和产品设计两方面。在建筑设计上，一系列的大型建筑都是艺术装饰运动的产物，这些建筑一方面采用了金属、玻璃等新型材料，另一方面采用了金字塔形的台阶式构图和放射状装饰线条，如美国克莱斯勒大厦（见图1-3-14）等。

图1-3-14　美国克莱斯勒大厦

（4）现代主义运动风格。现代主义运动是20世纪初从建筑设计发展起来的一场对传统意识形态的革命，现代主义是20世纪设计的核心理念。设计上体现现代主义的内

容有：民主主义、精英主义、理想主义和乌托邦主义。现代主义运动是由小批精英知识分子发动的，对设计长期服务于权贵阶层的一种反对运动。现代主义运动的特点如下：

1）强调以功能为中心，不再以形式为中心，讲究效率、科学。

2）受立体主义影响，提倡采用非装饰性的简单几何造型。

3）在具体设计上重视空间的设计，特别重视整体设计。

4）重视装饰成本。

现代主义的局限性在 20 世纪 60 年代至 70 年代受到质疑，其垄断的、近乎单调的风格受到挑战，从而产生了后现代主义、解构主义等。图 1–3–15 所示的包豪斯校舍及华西里钢管椅是现代主义的代表作品。

图 1–3–15　包豪斯校舍及华西里钢管椅

3. 后现代风格

（1）后现代主义。后现代主义是指反抗现代主义方法论的一场运动，它广泛体现在文学、哲学、批评理论、建筑及设计领域中。后现代主义最先出现在建筑领域，而后迅速波及其他设计领域。后现代主义最早的宣言出现在美国建筑师文丘里于 1966 年出版的《建筑的复杂性与矛盾性》一书中。文丘里的建筑理论“少就是乏味”的口号与现代主义“少就是多”的理念是针锋相对的。他主张一种杂乱的、复杂的、含混的、折中的、体现象征主义和历史主义的建筑风格，把后现代主义的主要特征归结为三点：文脉主义、隐喻主义和装饰主义。查尔斯·穆尔设计的新奥尔良意大利广场是后现代主义建筑设计思想的典型体现（见图 1–3–16）。在后现代主义大旗下还形成了一些设计流派，如孟菲斯设计集团、高科技派等。

（2）解构主义。解构主义是 20 世纪 60 年代，以法国哲学家雅克·德里达为代表提出的哲学观念，是对 20 世纪前期欧美盛行的结构主义和传统理论思想的质疑和批判。建筑设计和室内设计中的解构主义派对传统古典、构图规律等均持否定的态度，它强调建筑设计和室内设计不受历史文化和传统理性的约束，是一种貌似结构构成解体，突破传统形式构图，用材粗放的流派。古根汉姆博物馆是解构主义代表建筑，如图 1–3–17 所示。

图 1-3-16　新奥尔良意大利广场

图 1-3-17　古根汉姆博物馆

（3）新现代主义。新现代主义风格是一种对现代主义运动风格进行重新研究和探索而发展出来的设计风格。与后现代主义对于现代主义的冷嘲热讽相反，新现代主义坚持吸纳现代主义的传统和原则，主张完全依照现代主义的基本原则进行室内设计，然后再根据需要加入新的具有象征意义的简单元素。因此，新现代主义风格既具有现代主义运动风格严谨的功能主义和理性主义的特点，又具有独特的个人表现和象征特征。20 世纪 80 年代后，新现代主义继续发扬现代主义理性、功能的本质精神，但对现代主义冷漠单调的形象进行了修正和改良，突破早期现代主义排斥装饰的极端做法，走向一个肯定装饰、多风格、多元化的新阶段。同时，随着科技的不断进步，新现代主义在装饰语言上更关注新材料的特质表现和技术构造细节，在设计上更强调作品与人文环境和生态环境的关系。

二、室内设计的流派

流派是指艺术派别。在现代室内设计中，流派大多是一些志趣相投、忠诚于某种风格的艺术设计团体或松散的组织。与风格相比较，从体现艺术特色和创作个性的方面来说，流派跨越的时间更短，涉及的地域更窄。根据现代室内设计表现的艺术特点分类，其流派可分为高技派、光亮派、白色派、新洛可可派、风格派、超现实派、田园派以及装饰艺术派等。

1. 高技派

高技派也称重技派。它喜欢突出当代工业技术成就，并在建筑形体和室内设计中加以炫耀；崇尚“机械美”，喜欢在室内暴露梁板、网架等结构构件以及风管、线缆等各种设备和管道；强调工艺技术与时代感。高技派的代表作品有法国巴黎蓬皮杜国家艺术与文化中心（见图 1-3-18）、北京首都国际机场 3 号航站楼等。

图 1-3-18　法国巴黎蓬皮杜国家艺术与文化中心

2. 光亮派

光亮派也称银色派，光亮派崇尚新型材料及现代加工工艺的精密细致及光亮效果，在室内设计中往往大量采用镜面及平曲面玻璃、不锈钢、磨光的花岗石和大理石等作为装饰材料，在室内环境的照明方面，常使用利用折射、反射原理等制作的各类新型光源和灯具，在金属和镜面材料的烘托下，打造光彩照人、绚丽夺目的室内环境。图 1–3–19 所示为光亮派建筑的夜景效果图。

图 1–3–19　光亮派建筑的夜景效果图

3. 白色派

迈耶设计的史密斯住宅的室内采用白色派室内设计。该建筑的室内设计，并不仅仅停留在简化装饰、选用白色等表面处理上，而是具有更为深层的构思内涵。迈耶在进行室内设计时，综合考虑了室内活动着的人以及人透过门窗可看到的室外景物，因此，从某种意义上讲，此时室内环境只是活动场所的“背景”，在装饰造型和用色上不必作过多渲染。图 1–3–20 所示为白色派室内设计。

4. 新洛可可派

新洛可可派继承了洛可可风格繁复的装饰特点，但与洛可可风格又有不同之处：一是新洛可可派认为装饰是整体的有机组成部分，而不是附加于结构之上的额外细节。新洛可可派不强调附加的东西，而强调利用现代科学技术和现代工业生产的特点去实现室内设计的构思。二是新洛可可派大量采用抛光不锈钢、磨光大理石、镜面玻璃、皮毛、水晶等光亮和反光材料，重视灯光效果；喜欢用反光板、发光顶棚等创造一种光彩夺目、豪华绚丽、交相辉映的气氛；进行装饰造型的“载体”和加工技术为现代

新型装饰材料和现代工艺手段，创造了华丽而略显浪漫、传统又不失时代气息的装饰氛围。三是新洛可可派的艺术表现形式与建筑表现形式有相通之处，并和绘画、雕塑相互映衬融合。图 1–3–21 所示为新洛可可派室内设计。

图 1–3–20　白色派室内设计

图 1–3–21　新洛可可派室内设计

5. 风格派

风格派是 20 世纪 20 年代以荷兰为中心的现代艺术流派，以画家蒙德里安等为代表，强调“纯造型的表现”“要从传统及个性崇拜的约束下解放艺术”。风格派认为“把生活环境抽象化，这对于人们的生活来说就是一种真实”。风格派经常采用几何形体以及红、黄、青三原色，间或以黑、灰、白等色彩的室内装饰和家具（见图 1–3–22）。风格派室内设计，在色彩及造型方面都具有极为鲜明的特征与个性。风格派进行建筑与室内设计时常以几何方块为基础，对建筑室内外空间设计采用内部空间与外部空间穿插统一为一体的手法，并利用屋顶、墙面的凹凸和强烈的色彩进行对比强调。

图 1–3–22　风格派常采用的家具

6. 超现实派

超现实派追求超越现实的艺术效果，在室内设计中常采用异常的空间组织，曲面或具有流动弧线形的界面，浓重的色彩，变幻莫测的光影，造型奇特的家具与设备，有时还采用现代绘画或雕塑来烘托超现实的室内环境气氛。超现实派的室内设计适用于有特殊视觉形象要求的某些展示室内空间或娱乐室内空间，如图 1–3–23 所示。

图 1–3–23　超现实派室内设计

7. 田园派

田园派倡导回归自然的设计手法，推崇自然与现代相结合的设计理念，室内设计多采用木材、石材和藤制品等天然材料，以营造清新、淡雅的气氛。田园派受地域、乡村文化影响较深，善于从当地文化中借鉴设计元素及造型方法，在室内设计中力求表现出悠闲、舒畅和自然的田园生活情趣，如图 1–3–24 所示。

图 1-3-24 田园派室内设计

8. 装饰艺术派

装饰艺术派善于运用多层次的几何线形及图案，重点装饰建筑内外门窗线脚、檐口及建筑腰线、顶角线等部位。上海早年建造的锦江宾馆及和平饭店等建筑的内外装饰设计，均属于装饰艺术派。近年来一些宾馆和大型商场的室内设计，出于既具有时代气息，又有建筑文化的内涵考虑，设计师常在现代风格的基础上，在建筑细部饰以装饰艺术派的图案和纹样，如图 1-3-25 所示。

图 1-3-25 在建筑细部饰以装饰艺术派的图案和纹样

思考与练习

1. 什么是室内设计?
2. 室内设计是如何分类的?
3. 室内设计的依据主要有哪些?
4. 谈一谈室内设计的主要内容。
5. 简要叙述室内设计的方法和程序。
6. 说一说室内设计发展史上的主要风格与流派。
7. 谈一谈研究室内设计风格对室内设计的作用及意义。

第二章 居住空间设计

学习目标

1. 理解居住空间设计的理念。
2. 了解居住空间设计发展现状及发展趋势。
3. 能描述居住空间设计的流程与内容。
4. 能掌握客厅、餐厅、厨房、卫生间、卧室、书房设计的方法。

第一节 居住空间设计概述

一、居住空间设计的理念

居住空间设计是对人们居住和生活的住宅的室内空间进行规划和布置，是在建筑物提供的户型、面积、结构等空间基础上的再创造。居住空间设计与人们生活密切相关，一般以家庭或个人为服务对象，以创造舒适、安全、健康、美观的室内生活环境为目标。

1. 满足人的基本需求

人们在日常生活中有各种各样的需求及与需求相适应的行为。室内空间最基本的功能是为人们提供遮风避雨，日常生活中开展各类活动、工作与休息的场所。从心理上分析，人们追求生活空间的舒适性与趣味性，舒适的室内空间让人有归属感。设计师要精心为客户“把脉”，了解客户的需求，以便更好地创造室内环境，在满足客户基本需求的同时满足其审美需求和自我实现需求。

2. 创造新的居住空间

设计的本质在于创新。居住空间设计与人们的生活行为有着紧密的内在联系，好的居住空间设计，能改变和改善人的行为，提高人们的工作效率，增进人与人之间的关系，疏解人们的心理压力。在生活中，不同的人兴趣、爱好、职业、心理特征、教育背景、家庭环境等不同，这些不同决定了人们生活方式的多样化、多元化。有的人追求典雅朴实、高品质、有趣味的生活空间；有的人喜欢时尚，追求个性、独特的生活空间；有的人崇尚自然、喜欢乡村，喜欢生活空间充满田园的诗意等。所以，在设计居住空间时，设计师只有对不同客户的行为习惯和需求进行充分了解，认真分析，才能设计出个性化的居住空间。图 2–1–1 所示是一个充满个性的居住空间设计作品。

图 2–1–1　充满个性的居住空间设计作品

3. 注重人的心理感受

有关人的感觉与知觉等心理学领域的理论同样适用于居住空间设计。人的感觉器官在接受外界的刺激后将信息传递到大脑，大脑可根据以往的生活经验及现实状态使人的各个器官有不同的反应，如居住空间中天、地、墙的划分方式及不同色彩和装饰材料的组合，给人的感觉是多种多样的。尽管居住空间中还有其他影响因素，如室内空间结构、家具、装饰品等，影响人们对环境的感知，但居住空间的主格调，能让人在生活的每时每刻都能体验到居住空间带来的美好。

4. 体现人的精神追求

人的兴趣、生活经验、文化层次、生活态度不同，对居住空间的心理需求不同。如今，年轻人都希望自己的居住空间充满独特的情调、审美的意趣、宜人的氛围。我国古有“借景抒情”“托物言志”的艺术表达手法，传统的园林建筑设计便是对我国古代“天人合一”的美学观的诠释，借联想塑造意境。在居住空间设计中，设计师往往通过各种艺术表现手法和手段来营造居住空间的诗意感，增添居住空间的艺术气息，以满足人的精神需求，让人在居住空间中产生无限的遐想。例如，深圳中海九号公馆的室内设计，设计师在室内设计中使用了中国传统风格的图案及色彩，还采用了书法、水墨画等陈设品。设计师希望让客户充分享受现代家居环境的便利和舒适，同时在精神层面上能感受中式传统文化的丰厚底蕴，如图 2–1–2 所示。

图 2–1–2　深圳中海九号公馆室内设计（设计师：戴昆）

二、居住空间设计的流程

从事居住空间设计的一般是专业的家装设计公司，这些公司的业务大多通过以下几个途径获得：一是公司与房地产开发商之间建立合作关系；二是公司通过电视、报纸、招牌广告等进行广告宣传，业主上门咨询；三是业务员通过电话推销、网络宣传、活动策划等创造接单机会。如图 2–1–3 所示，居住空间设计的一般流程是洽谈、构思、空间设计、平面布置设计、天花设计、照明设计、地面设计、立面设计、细部设计、色调与图案设计、装饰品选用、效果表达和图样绘制。

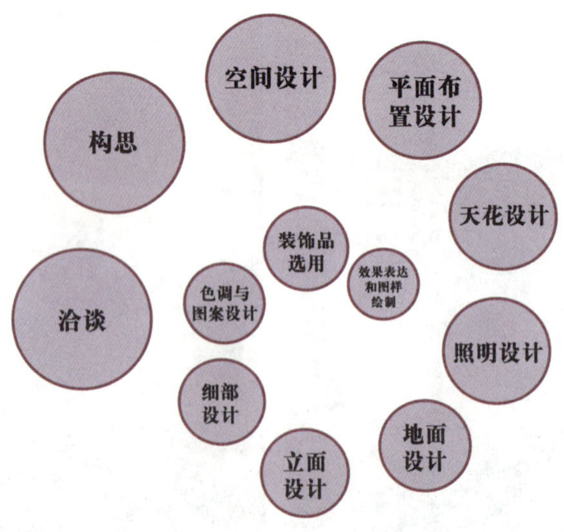

图 2–1–3　居住空间设计的一般流程

1. 洽谈

设计师在与客户洽谈时，首先要成为一个亲切的提问者和倾听者，要通过流畅、生动的语言来与客户沟通；其次，设计师自身要有较高的文化艺术修养，在与客户交谈中要能展现自身的专业素养和知识水平；最后，设计师要用娴熟的手绘技法征服客户，设计图样是设计师的交流语言，绘制图样也是设计师必须掌握的基本功。设计师在与客户洽谈中要充分运用好设计语言，以取得客户信任，为后续工作打好基础。

2. 构思

构思是室内设计的基础，构思的内容包括整个室内空间和各部分室内空间的格调、气氛和特色。首先，设计师应做好室内空间的初步构思工作，熟悉设计资料和设计要求。一方面，设计师要充分了解客户的真实想法和需求，以期在设计中解决客户的个性问题；另一方面，设计师要查阅大量的相关资料，进行方案比较与借鉴，遵循设计的一般规律，以期解决设计中的共性问题。其次，设计师在构思阶段要合理运用一些思维方法，如头脑风暴法、类比选优法、自由联想法等。

3. 空间设计

首先，设计师要在熟悉设计资料和建筑结构的基础上进行空间分隔，合理组织空间关系；其次，按功能关系和空间造型的要求，安排室内流线；再次，确定墙面、地面和天棚在尺寸设置上的关系，如地面标高、隔断位置以及天棚净高等；最后，根据室内气氛构思，确定室内装修材料。

4. 平面布置设计

平面布置设计就是根据室内空间和流线设计，确定家具和其他陈设品的布置形式，包括各种家具的数量、配套、尺寸、用料、形式等。家具可以选订也可以根据空间要求单独设计定制。平面布置设计时，要设计好空间布局和交通路线，使动静分区合理；要分清主体家具和从属家具，使其相互配合，主次分明；安排组织好空间的形式、形状和家具组合、排列的方式，以达到整体和谐的效果。

5. 天花设计

在设计天花之前，要先确定天花标高，然后根据室内环境整体关系，确定天花的形式、用料和做法。天花是室内空间中最显著的部分，它的设计跟室内空间的功能、布局、气氛有很大关系。

6. 照明设计

照明设计的内容主要包括室内环境整体和局部灯光的照度、色温确定，灯具及灯饰选用、位置确定，线路及控制系统、开关及插座位置确定。这些内容可先由设计师提出，再由有关专业人员进行设计，但在居住空间设计中这些内容往往由设计师独立完成。

7. 地面设计

在地面设计时，要先按室内整体设计要求，确定地面的色彩、质地和装饰结构，然后选定装饰材料、装饰方法、地毯图案。

8. 立面设计

立面设计是指根据总体立意和设计构思的草图进行室内空间中各立面的设计，如窗口设计，客厅主墙面设计，与墙面相关的部件（如壁灯等）的确定，墙壁上挂画和工艺品的尺寸、位置与色调的确定等。

9. 细部设计

细部设计是指按整体和各部分的要求，进行细部处理。细部设计要与室内空间整体风格和造型相协调。

10. 色调与图案设计

这一步实际上是贯穿室内设计全过程的。室内色调要对室内各种陈设品、摆设品、装饰品有衬托作用。在色调设计的同时要考虑图案设计，主要包括墙面、地面、天花、家具、纺织品（包括软垫面料、床罩、台布、窗帘等）的图案设计。

11. 装饰品选用

装饰品的形式要与室内空间整体环境相协调。同时，还要注意装饰品本身的艺术水平。它们可以单独摆设，也可以同室内装修相结合。

12. 效果表达和图样绘制

当家装的材料、设备、家具等确定后，也就是说室内设计方案完成后，设计师要通过制作透视图来表达设计效果，或通过制作模型为客户展示设计效果，待客户确定方案后，再画出详细的工程图样。

实际上效果表达与图样绘制也要贯穿设计过程的始终。设计师有了好的创意和想法一定要及时用画笔记录下来，并及时与客户交流沟通，最好采用透视效果图等，用客户能理解的方式进行沟通。如今，部分家装设计公司会通过制作三维动画来展示室内设计效果，这也是一种很直观、形象的效果表达方式。表达设计效果的方法多种多样，要以表达清楚、艺术感染力强为选用原则。

三、居住空间设计的内容

1. 空间的处理

空间的处理是指根据客户的需求，对空间进行组织与布局。这需要设计师认真分析建筑空间的优缺点，以扬长避短。在一般的居住空间设计中，客户都希望室内空间能够合理分配，这就需要设计师合理运用拆墙、间隔等手段。在固定建筑空间的基础上，间隔使用合理与否对空间的大小有显著影响，如开放式及半开放式的房间间隔、玻璃隔断、墙面上镜面玻璃的巧妙利用，都可使室内空间显得更大。另外，恰当运用色彩也可从视觉上扩大空间，室内色彩宜浅不宜深、宜亮不宜暗、宜单纯不宜杂乱，反之，室内空间就会显得局促。图 2–1–4 所示为法国某公寓室内设计，该公寓室内设计以白色为主色调，大尺度的开窗使室内空间显得大而开阔。

2. 环境的利用

居住空间设计时还要注意分析和利用周边的环境，要善于通过改造门窗来借景，如加宽门窗可使室内外空间相互渗透，突破封闭感与局限性。宽敞的门窗可达到借用室外景色的效果，尤其是借用大自然的景色，不仅能使人心情舒畅，还可加强室

图 2-1-4　法国某公寓室内设计

内的空间感。同时，可用折门、玻璃推拉门或垂帘代替传统的门，充分利用门口走廊的空间。

一般窗台的高度为 90 cm 左右，也可适当降低窗台的高度并加宽窗台，在窗台上放些花草，增添室内环境的情趣。也可直接将窗台改造成书桌或办公桌，这样既增加了窗台的功能，又减少了空间的封闭感。密斯·凡德罗设计的范斯沃斯住宅就是很好地利用环境进行室内设计的例子，设计师以大片的玻璃替代阻隔视线的墙面，在室内的人通过玻璃窗可把房子四周的美景尽收眼底，该住宅被誉为“看得见风景的房子”，如图 2-1-5 所示。

3. 材料的选择

设计师必须对室内装修的材料有正确的认识。随着人们环保意识的加强，绿色家居理念越来越受人们重视，室内装修应尽量选用无毒或少毒的材料，家具也应该选择低污染的家具。一般情况下，室内装修的污染物主要有以下几种：一是甲醛；二是苯和苯化物，它们主要来自各种人造板、涂料、油漆、黏合剂等；三是放射性物质，它们主要来自天然石材、地面砖等。新装修的房间一定要通风一段时间后再使用，以防止装修污染对人体造成伤害。

4. 区域的衔接与过渡

室内空间中有一些过渡区域，如公共过道、走廊、门厅、楼梯等，它是人们从一个空间到另一个空间必经的道路，因此，过渡区域的设计要符合人们活动的习惯，不能过多影响其他区域的人的活动，也不能在此线路上放置家具等物品，以免影响人们正常通行。过渡区域将室内各个空间联系成一个有机的整体，做好过渡区域设计是

图 2-1-5　范斯沃斯住宅（设计师：密斯·凡德罗）

组织空间秩序的有效手段。在设计过渡区域时，不仅要考虑过渡区域的功能，还要注重过渡区域形式变化的艺术效果，如在造型、层次、光影上进行变化，以使室内环境充满艺术感，如图 2-1-6 所示。

5. 家具、装饰品、陈设品等的配置

家具、装饰品、陈设品等的配置要与室内空间的装饰风格、大小相协调（见图 2-1-7），不能凭个人爱好随意配置。如将罗马式的窗帘安装在中式风格的环境中，豪华的吊灯安装在现代简约的居室中，都会让人感觉配置不合理。此外，还要根据室内空间的大小确定家具的尺寸，如小的室内空间适合配置别致精巧、多功能的家具，此时，家具配置应遵守宁小勿大、宁少勿多的原则；大的室内空间则适合配置稳健厚重的家具，家具尺寸大些也无妨。陈设品配置也要与环境整体氛围相协调，大小适宜。一幅画、一盆草、一个花瓶、一件工艺品，都可使静态的室内环境活跃生动起来。

图 2-1-6 过渡区域的设计

图 2-1-7 家具、装饰品、陈设品等的配置

6. 细部的策划与设计

图 2-1-8 所示为某客厅的室内设计，客厅的整体格调决定了室内空间文化、艺术、情趣氛围的营造。在室内设计时，只注重整体设计，不注重细节的衬托和点缀，

没有对细部进行精心策划、设计，往往不能取得很好的室内设计效果。整体与细部的处理，是各种技术手段与艺术手段的结合，它决定了室内环境的品质。

图 2-1-8　某客厅的室内设计

四、居住空间设计的风格

在居住空间设计的过程中，设计师最先要做的工作是根据客户需求确定室内大的功能分区及风格主题，因此，对风格的了解和研究十分重要。各种居住空间设计的风格都是在传统风格的基础上发展变化而来的，某一种风格往往在某个设计要素方面有一些特点，如地中海风格在色彩上倾向于使用蓝白色。随着社会经济的发展及国民素质的提高，人们对居住空间的风格也有了多元化的需求。目前，居住空间设计的风格主要有简约风格、前卫风格、雅致风格、新中式风格、地中海风格、简约欧式风格等。

1. 简约风格

对于不少青年人来说，生活的压力让他们需要一个更为简单的室内环境，以给自己的身心一个放松的空间。不拘小节、没有束缚、不受承重墙的限制，是不少客户对设计师提出的设计要求。而在装修过程中，简约风格因工艺相对简单和造价低廉，也

被不少工薪阶层接受。

现代简约风格在设计上崇尚简洁实用，喜欢使用玻璃、不锈钢、镜面等装饰材料；在色彩上追求朴素干净，喜用黑、白、灰的搭配，装饰图案多是纯色的或者有几何装饰纹样的。装饰材料的质感对简约风格的实现十分重要，如果在选择装饰材料时过于草率，那么简约风格很容易沦为简单的设计。图 2–1–9 所示为简约风格的客厅，图 2–1–10 所示为简约风格的餐厅。

图 2–1–9　简约风格的客厅

图 2–1–10　简约风格的餐厅

2. 前卫风格

比简约风格更加凸显自我、张扬个性的前卫风格已经成为部分前卫人群在室内设计上的首选。打破常规的空间结构，大胆、鲜明、对比强烈的色彩设计，以及刚柔并济的装饰材料的搭配，无不让人在冷峻中寻求到一种超现实的平衡，而这种平衡无疑也是对单一的审美、单一的居住理念、单一的生活方式的最有力的抨击。前卫风格强调个性和与众不同，在室内设计时要注意前卫风格与室内空间功能的匹配性，切勿追求华而不实。图 2–1–11 所示为前卫风格的客厅。

图 2-1-11　前卫风格的客厅

3. 雅致风格

雅致风格抛弃了繁琐的装饰性配件，喜欢采用古典雅致的实木材质的一些固定配件。雅致风格在空间布局上接近简约风格，在具体的界面形式、配线方法上接近新古典风格。体现雅致风格最重要的一点就是颜色，雅致风格室内设计颜色搭配以和谐为主，颜色以淡色系为主，各种颜色间差别不能太明显，忌大红大紫。图 2-1-12 所示为雅致风格的客厅。

图 2-1-12　雅致风格的客厅

4. 新中式风格

新中式风格在室内设计上继承了唐代、明清时期家居理念的精华，将其中的经典元素提炼并加以丰富，同时改变原有空间布局中体现等级、尊卑等封建思想的设计元

素，给传统家居文化注入了新的气息。

新中式风格在室内设计中多采用中式产品和西式陈设品，家具、陈设品等以木质材料的居多，颜色多为仿花梨木色和紫檀色。新中式风格的室内空间之间的关系与欧式风格的差别较大，更讲究空间的借鉴和渗透。图 2–1–13 所示为新中式风格的餐厅。

图 2–1–13 新中式风格的餐厅

新中式风格居住空间设计改变了中式传统风格居住空间设计“好看不好用，舒心不舒身”的弊端，加之新中式风格在不同的居住空间中应用灵活等特点，如今它被越来越多的人所接受。

5. 地中海风格

地中海风格的建筑一般会采用以下几种设计元素：白灰泥墙、连续的拱廊与拱门、陶砖、海蓝色的屋瓦和门窗。地中海风格建筑的圆形拱门及回廊通常数个连接在一起或垂直交接，人在走动观赏时，会有透视感。此外，采用地中海风格进行室内墙面（非承重墙）设计时，均可采用半穿凿或者全穿凿的方式塑造室内的景中窗，这是地中海风格居住空间设计的特点之一。

地中海风格典型的颜色搭配有以下三种：蓝与白，黄、蓝紫和绿，土黄及红褐。锻打铁艺家具是地中海风格独特的美学产物，同时，地中海风格居住空间设计也喜欢采用爬藤类植物和小巧可爱的绿色盆栽。图 2–1–14 所示为地中海风格的客厅。

6. 简约欧式风格

简约欧式风格是对欧式风格的简化，它沿袭使用了古典欧式风格的主元素，并在其中融入了现代的生活元素，更多地继承了欧式风格的惬意和浪漫。简约欧式风格多采用象牙白为主色调，颜色以浅色为主，深色为辅。简约欧式风格通过完美的曲线，精益求精的细节处理，带给人们无尽的舒服感。图 2–1–15 所示为简约欧式风格的客厅。

图 2-1-14　地中海风格的客厅

图 2-1-15　简约欧式风格的客厅

第二节　客厅设计

一、客厅设计的要求

居住空间设计建立在建筑物房型划分的基础上，如普通住宅常被划分为两室两厅、三室两厅、一室一厅等。在实际生活中，在现有房型基础上，由于不同家庭需求不同，就会出现人们感觉现有居住空间分配不合理的情况。所以，只有按不同的需求对居住空间进行设计，才能打造个性化的、舒适的居住空间。居住空间主要由客厅、餐厅、卧室、厨房、书房、卫生间等几个功能空间构成。随着居住环境的改善，人们活动范围的增加，功能空间会逐步增多。掌握主要功能空间的设计原理，是居住空间设计构思的第一步。

客厅是住宅中人们活动最集中、使用频率最高的空间，它的风格能充分体现主人的情感意趣，客厅设计在居住空间设计中至关重要。一般在居住空间设计中，设计师都把体现设计个性和环境气氛的元素在客厅设计中集中表现出来。如果说玄关设计是居住空间设计的“前奏”，走廊设计是居住空间设计的“过渡”，那么客厅设计就是居住空间设计的“高潮”。

由于住宅条件的限制，目前大多数家庭的客厅具有多种功能，是家庭聚会、起居、休息、会客、娱乐、开展视听活动等的场所，现在一些面积比较大的住宅，往往会把娱乐、视听的功能从客厅功能中分离出来，使客厅成为对外会客和家庭成员交流沟通的独立空间。但在一般的家庭中，客厅仍是家庭活动的中心，因此，客厅是居住空间设计的关键位置，一般家庭都会在客厅装修上投入较多的物力、财力。客厅设计的原则是：既要实用，又要美观。具体而言，客厅设计需要满足以下四个基本要求。

1. 风格要明确

客厅是居住空间的核心区域。在现代居住空间中，客厅的面积是最大的，空间也是相对开放的，地位也是最高的，它的风格往往决定着整个居住空间的风格。客厅的风格有多种表现形式，其中，选择合适的家具、吊顶及灯光、色彩是表现客厅风格的常用手段。整个客厅的布局和装饰要协调统一，只有这样才能凸显出客厅明确的风格特点，而各个细部的美化装饰，要注意服从客厅整体的风格。图 2–2–1 所示是中式风格客厅设计。

2. 个性要鲜明

客厅的装修是主人审美品位和生活情趣的反映，讲究的是个性。客厅设计必须有特点，以给人与众不同的感觉。设计客厅时要用心，要有匠心，要极力为客厅风格竖立起一面个性鲜明的旗帜。客厅的个性化可通过装修材料、装修手段及家具的摆放来表现，但更多的是通过装饰品、陈设品等“软装饰”来表现，如工艺品、字画、坐垫、布艺、小饰品等，这些“软装饰”更能展示出主人的审美品位和生活情趣。图 2–2–2 所示为充满中国古典文化气息的客厅。

图 2-2-1　中式风格客厅设计

图 2-2-2　充满中国古典文化气息的客厅

3. 分区要合理

功能多的客厅，一般可划分出会客区、用餐区、学习区。三个功能区的布局原则为：会客区应适当靠外一些，用餐区应接近厨房，学习区应在客厅的一个角落。客厅的各个功能区要方便、实用：如果家人看电视的时间非常长，就可以视听柜为中心确定沙发的位置和走向；如果家人不常看电视，家中常有客人来访，那么可以会客区为客厅的中心。

客厅区域划分可以采用“硬性划分”和“软性划分”两种方法。硬性划分是把客厅分成相对封闭的几个区域，以使客厅有不同的功能，主要通过隔断、家具的摆放，从客厅大空间中独立出一些小空间来。软性划分是用“暗示法”打造空间，即利用不同装饰材料、装饰手法、特色家具、灯光造型等划分区域，如通过吊顶从上部空间将会客区划分出来。

家具的摆放方式可以分为规则（对称）式和自由式两类。空间小的客厅的家具摆放宜以规则式摆放为主（见图 2–2–3），空间大的客厅的家具摆放则应以自由式摆放为主。

图 2–2–3　空间小的客厅的家具摆放

4. 重点要突出

客厅有顶面、地面及四面墙壁，因为视角的关系，墙面理所当然成为客厅视角上的重点。主题墙是指客厅中最引人注目的一面墙，一般是离电视、音响最近的那面墙。在主题墙上，可以运用各种装饰材料做造型，以突出整个客厅的装饰风格。主题墙是客厅设计的“点睛之笔”，有了这个重点，其他三面墙就可以设计得简单一些。如果把四面墙都做成主题墙，就会给人杂乱无章的感觉，既浪费财力，又有损客厅的美观。

顶面和地面是两个水平面。顶面在人的上方，顶面设计对整个客厅空间设计起决定性作用，对空间的影响比地面要显著。地面也是非常引人注目的部分，其色彩、质地和图案能直接影响客厅的设计风格。

二、客厅设计的方法

1. 客厅平面布局设计

客厅设计要因人而异，强调个性。因为不同人有不同的生活方式和居住要求。从风格上讲，客厅有简约风格的、前卫风格的、雅致风格的等；从情调上讲，客厅有优雅明丽的、古朴雅拙的、温馨浪漫的、华贵富丽的等。在进行客厅设计时，要先进行构思，即常说的设计的立意。设计师可以先列出设计的提纲，诸如客厅的风格、气氛、情调和表现方式等，然后再制订具体的设计计划。

客厅平面布局设计要注重流畅合理，另外，客厅出入要方便，空气要通畅，给人的视觉感受要舒适。同时，在视觉效果方面，客厅的面积宜大，天花高度宜高，设计时还要考虑各个功能空间的结构、位置等。客厅顶面、地面、墙面三大界面的设计，在风格上应统一，这是客厅环境氛围创造的前提和基础。

2. 客厅的家具和陈设品布置

设计客厅时要先合理划分客厅的功能区，然后根据区域的功能选择家具和陈设品。家具和陈设品既要在功能上互相关联，也要尽量符合区域划分的原则；在视觉上既要互相关联，又要相互独立。可以借助不同的装饰材料、地台、屏风、沙发、书架、植物、家具、陈设品等使空间有秩序感，让整个空间看起来井井有条，舒适合理。如客厅常见的座位布置形式有：

（1）3+X 型。3+1 型、3+2 型是最为常见的客厅座位布置形式，如图 2-2-4 所示。

（2）C 形。正 C 形——自然团聚，反 C 形——保守团聚。

（3）L 形。正 L 形——轻松开放，反 L 形——大方自然。

（4）L+X 型。L+X 型的客厅座位布置，给人充实饱满、正统大方的感觉。

（5）Ⅱ形。Ⅱ形的客厅座位布置，给人平等又亲切的感觉。

（6）品形。正品形——保守规则，反品形——开放端正。

客厅设计时，对于单纯用于放置影视设备的电视柜，应根据影视设备规格、数量选择其式样和尺寸，根据人体工程学的原理来确定影视设备的高度和视距。

屏风、隔断、绿色植物等有助于功能区的划分，打造虚拟空间。屏风、隔断讲究造型的装饰性，要求透明度高，以避免遮光。绿色植物能为客厅带来生机和活力，应视客厅空间大小及它与其他物件的关系而放置。同时，可根据墙面的疏密在墙面上配置一些壁饰，这样做同样可以划分局部空间。

图 2-2-4　3+X 型客厅座位布置

3. 客厅中家具的尺寸

客厅中家具的尺寸要适宜。客厅是人们聚会、会客、休闲、娱乐等的场所，因此，在客厅设计时，要根据客厅面积大小选择合适的家具，以利于谈话、方便为原则。一般情况下，人们的行走路线不应穿过会客区，会客区应尽量设置在客厅一角或尽端，最好是一个相对完整的独立空间。

（1）电视柜。高度一般为 400 ~ 600 mm，最高不应超过 710 mm，人们坐在沙发上看电视，座位高一般为 400 mm，座位表面与坐在其上的人的眼的距离一般为 660 mm，这两个高度合计为 1 060 mm，1 060 mm 即为视线的水平高度。客厅设计时，要根据视线的水平高度来确定电视安装的位置，以视线水平高度等于电视机的显示屏中心与地面之间的距离为宜。

（2）沙发。宜软硬适中，太硬或太软的沙发都会使人感到不适。住宅中单座沙发尺寸一般为 760 mm × 760 mm，三座沙发长度一般为 1 750 ~ 1 980 mm，进口单座大沙发尺寸一般为 900 mm × 900 mm，沙发座位的高度一般为 400 mm，座位深一般为

530 mm，沙发的扶手高一般为 560 ~ 600 mm，角几和边几的高度一般也应为 600 mm。

（3）茶几。常规茶几尺寸一般为 1 070 mm × 600 mm，高度为 400 mm；中大型的茶几尺寸一般为 1 200 mm × 1 200 mm，高度一般为 250 ~ 300 mm。茶几与沙发之间的距离一般为 350 mm。

4. 客厅天花、地面、墙面的设计

（1）天花。天花常用的装饰方式为吊顶和使用原顶，其中吊顶有平吊顶、吊二级顶、吊三级顶、局部吊顶等多种形式。吊顶的目的：一是为了表达设计师的设计意图，调整和装饰空间；二是为了能够盖住天花上的各种管线和接头。使用原顶是指在原有顶面基础上直接刮腻子做表面装饰。天花表面的装饰材料一般与墙面的相同，可使用乳胶漆或墙纸。客厅的天花设计应视高度及其与室内环境的关系而定。客厅面积较小、层高较低时，宜选择装饰角线或装饰线脚装饰天花；客厅面积较大时，可选择吊顶装饰天花。天花装饰方法多种多样，图 2-2-5 所示为天花圆形吊顶设计。

图 2-2-5　天花圆形吊顶设计

（2）地面。客厅的地面可用企口木地板、复合木地板、陶瓷地砖、天然石材等铺设。木地板温和自然，吸音隔热效果好；地砖、石材易清理，但质地硬、触感凉。设计师可在木地板、地砖、石材上局部铺设地毯，以改善其性能。有些客厅和阳台相连接，阳台和客厅的地面可采用相同或不同的材料装饰，如采用不同的材料，材料间的过渡是设计的关键。一般情况下，可利用门槛来实现不同材料之间的过渡。

（3）墙面。客厅墙面通常使用乳胶漆、墙纸或木质饰板装饰。客厅主题墙的装饰往往是客厅设计的重点，可以利用各种手法为其设计良好的视觉造型，在局部还可使用石材、玻璃、金属、工艺品等，以营造主题氛围。如果阳台与客厅之间需要安装门，那么以安装玻璃门为宜，玻璃门扇的高度不能超过 2 m，否则玻璃容易破裂，玻璃门可以用玻璃雕刻、彩绘、加铁花等工艺处理。

5. 客厅照明设计

照明设备的设置要视天花设计而定，客厅的主要照明设计一般是棚中设灯，安装

在天花上的灯有吊灯、吸顶灯等，在吊灯、吸顶灯基础上还可增设射灯、嵌入灯、壁灯等，地面沙发旁可设立灯，也可根据客厅设计的需要安装装饰灯等。客厅各类灯的插座、开关的位置应依据客厅照明设计方案预留出来，线路应预先埋设好。

客厅照明应当明快、温馨，有明暗层次，能根据不同的使用要求而变化。如果只靠天花上的主灯来照明，室内一片通亮，那么客厅照明是没有明暗层次的。因此，各个照明设备应可以通过开关控制亮度。在照明设计时，还可以采用落地灯、台灯和摇头聚光灯等可移动式照明设备来调节客厅局部空间的亮度。客厅照明设计时，要按照空间功能配置照明设备，使客厅空间因灯光的设计而富有个性。图 2-2-6 所示为不同风格的客厅照明设计。

图 2-2-6 不同风格的客厅照明设计

6. 客厅的储物与收纳设计

客厅要想宽敞、整洁、有格调，就必须有宽敞而合理的储物空间。储物与收纳设计既要使日常用品方便取放，又要使客厅空间在视觉上流畅美观。客厅收纳柜可分为闭门式收纳柜和敞开式收纳柜两种，在此基础上它们又有高柜、低柜、板架柜、台柜等多种形式。敞开式高柜内可放置灯具，以更完美地展示陈设品。

三、客厅设计案例

为了更好地展示客厅设计的效果，设计师往往要绘制一系列的设计图样，包括客厅的平面布置图、天花布置图、立面图、节点大样图、效果图等。在方案设计阶段，设计师往往还要绘制大量的草图来记录自己的构思。

图 2–2–7、图 2–2–8 所示为两个不同风格的客厅设计方案。图 2–2–7 所示为简约欧式风格客厅的设计方案，该客厅墙面采用米黄大理石装饰，地面采用白色抛光砖装饰，天花采用欧式传统图案装饰并配置水晶吊灯，客厅内的家具为简约欧式家具。图 2–2–8 所示为新中式风格客厅的设计方案，该客厅电视背景墙采用青花瓷图案装饰，客厅内摆放的家具为实木家具，这些元素充分体现了中国传统文化气息。

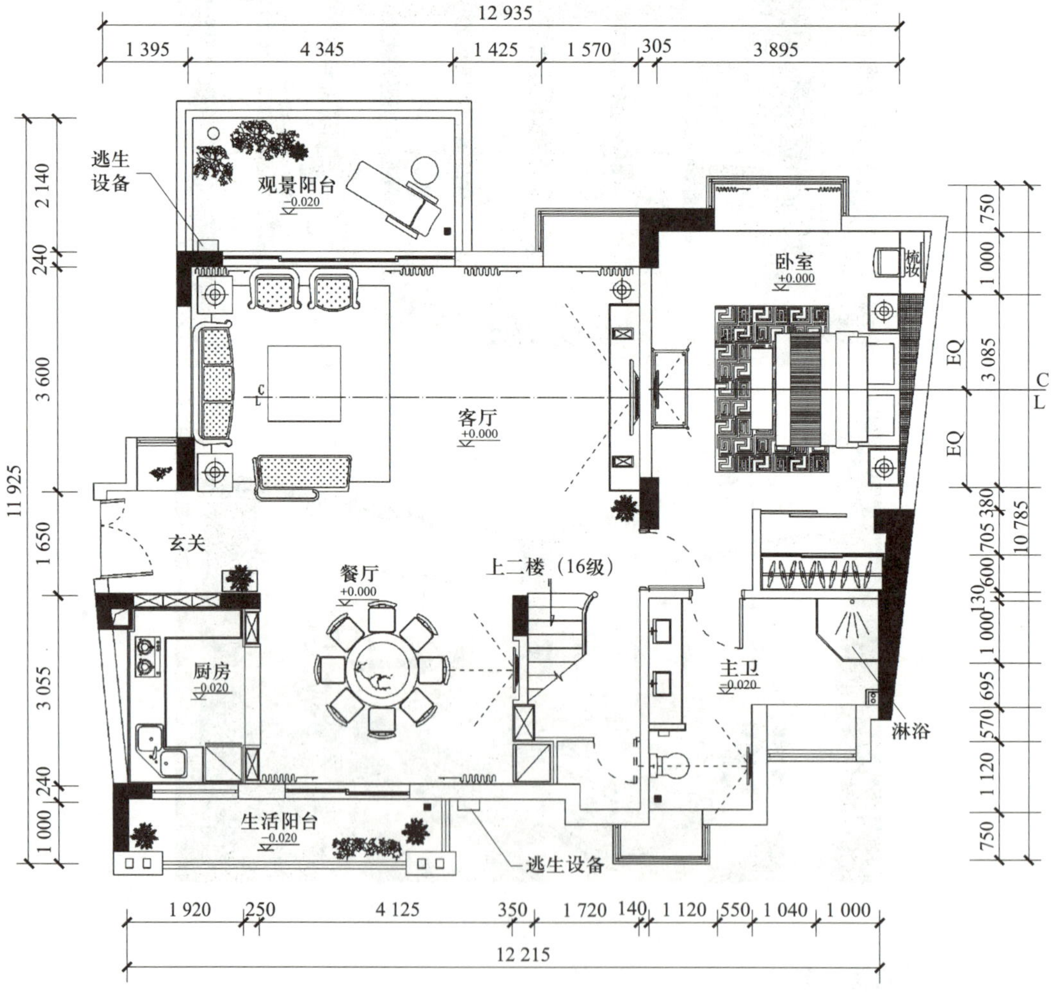

一层平面布置图 1：60

a)

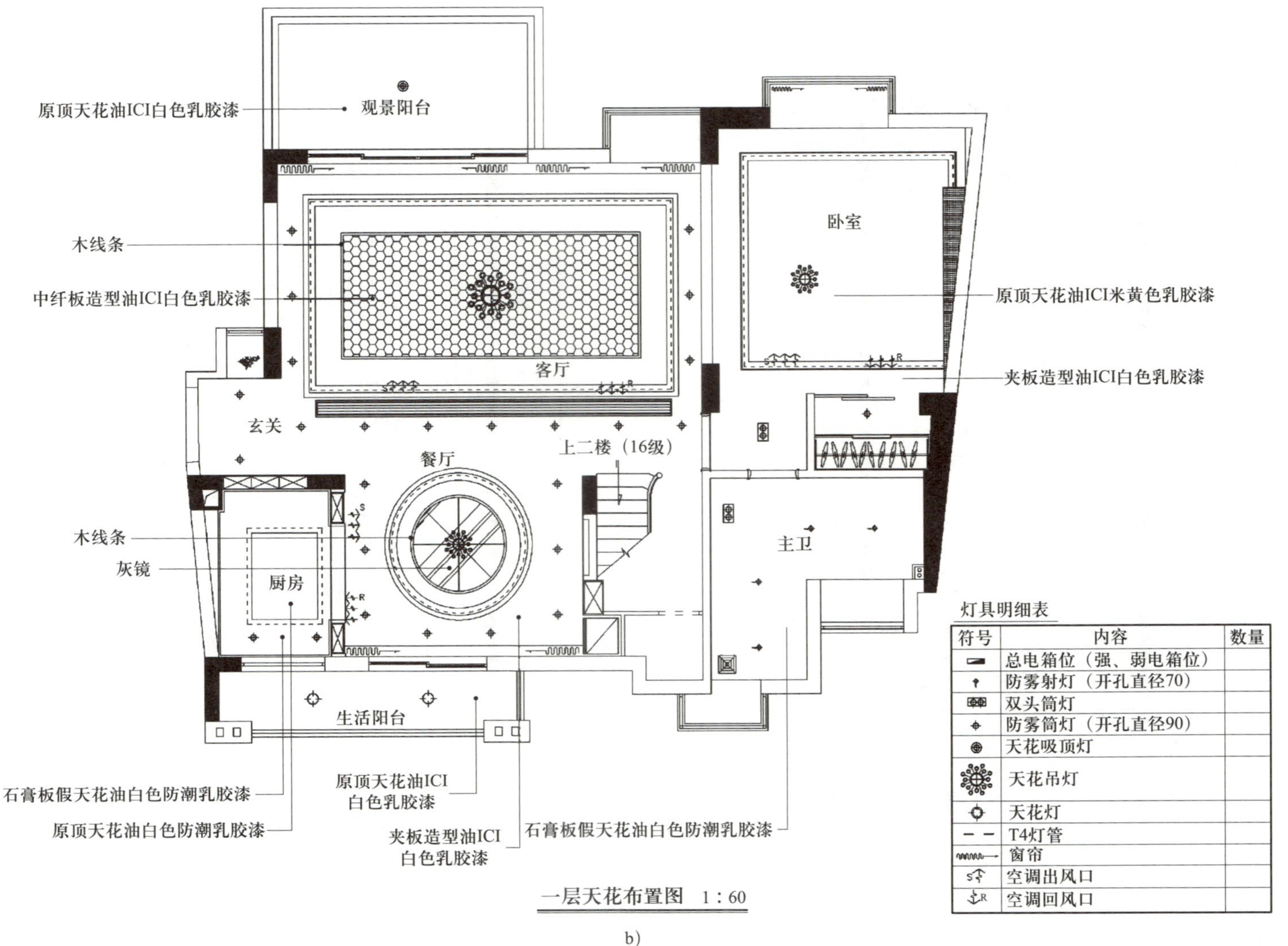

灯具明细表

符号	内容	数量
	总电箱位（强、弱电箱位）	
	防雾射灯（开孔直径70）	
	双头筒灯	
	防雾筒灯（开孔直径90）	
	天花吸顶灯	
	天花吊灯	
	天花灯	
	T4灯管	
	窗帘	
	空调出风口	
	空调回风口	

一层天花布置图　1：60

b)

夹板造型油ICI
白色乳胶漆
木线条
中纤板造型油ICI白色乳胶漆
窗帘
详见
白金米黄石
装饰品（甲方自购）
白金米黄石
帕斯米黄大理
石包窗边
客厅A立面图 1：40

c)

象牙米黄石
灰镜
柚木饰面
白金米黄大理石
原墙面油ICI
白色乳胶漆
窗帘
雅士白大理石
柚木饰面实木门（甲方自购）
客厅B立面图 1：40

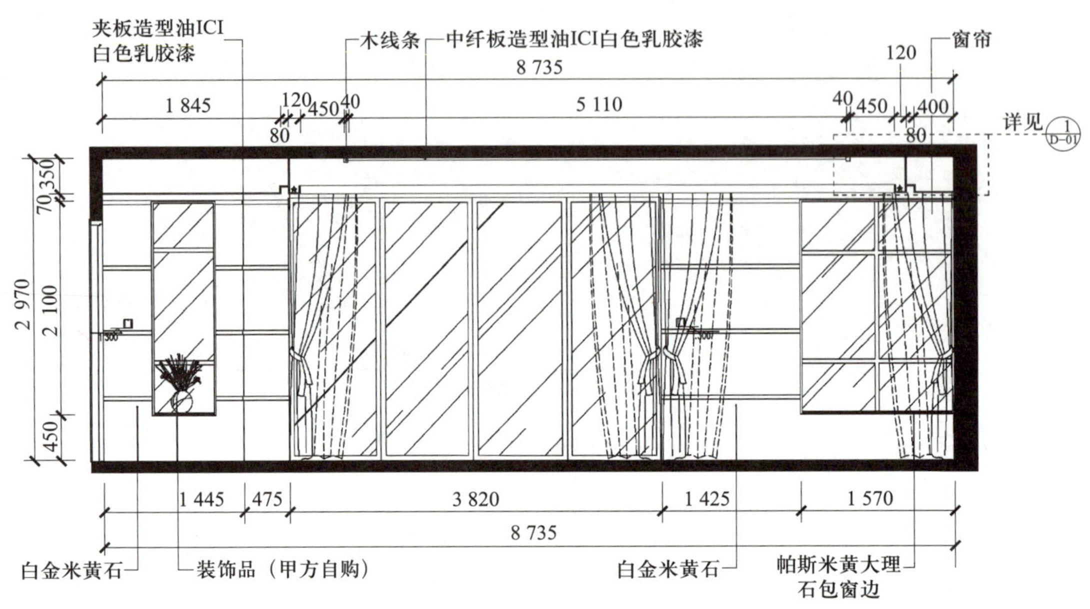

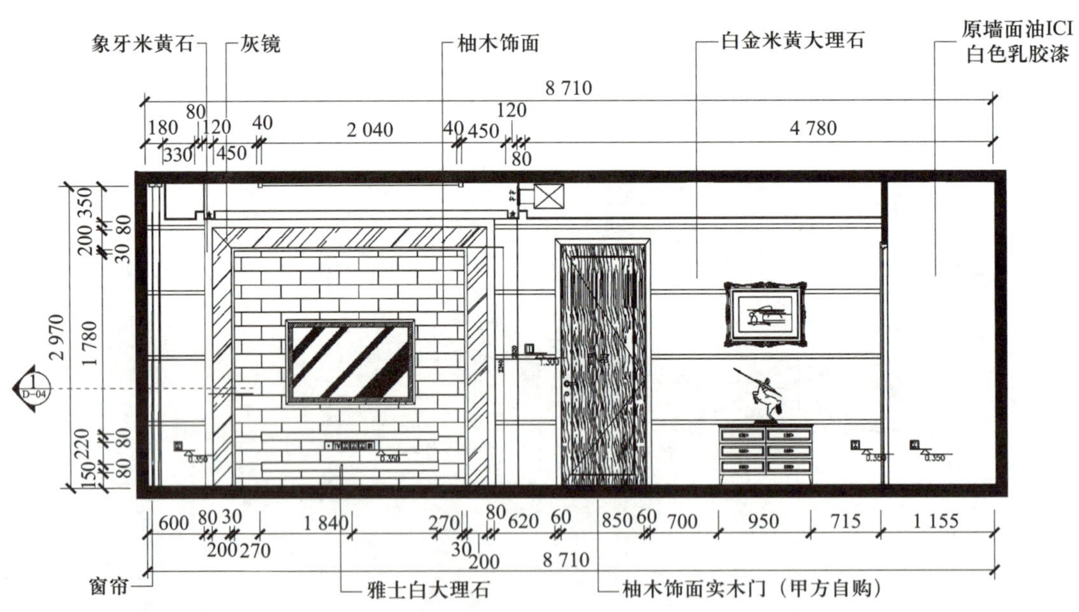

d)

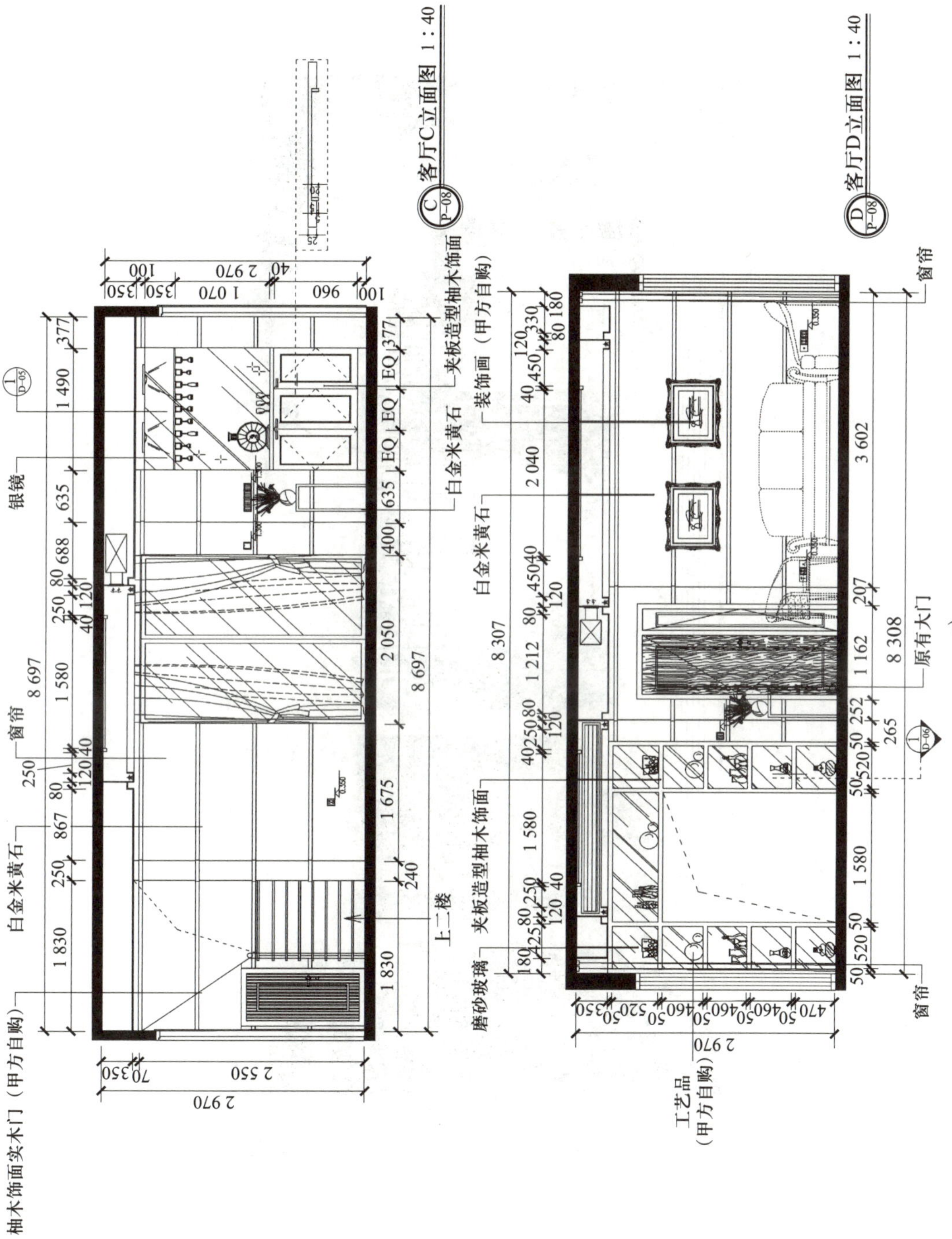

客厅C立面图 1：40

柚木饰面实木门（甲方自购）
白金米黄石
窗帘
银镜
上二楼
白金米黄石
夹板造型柚木饰面

客厅D立面图 1：40

磨砂玻璃
夹板造型柚木饰面
白金米黄石
装饰画（甲方自购）
窗帘
原有大门
工艺品（甲方自购）

e)

f)

图 2-2-7 简约欧式风格客厅的设计方案

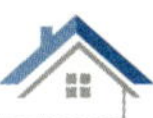

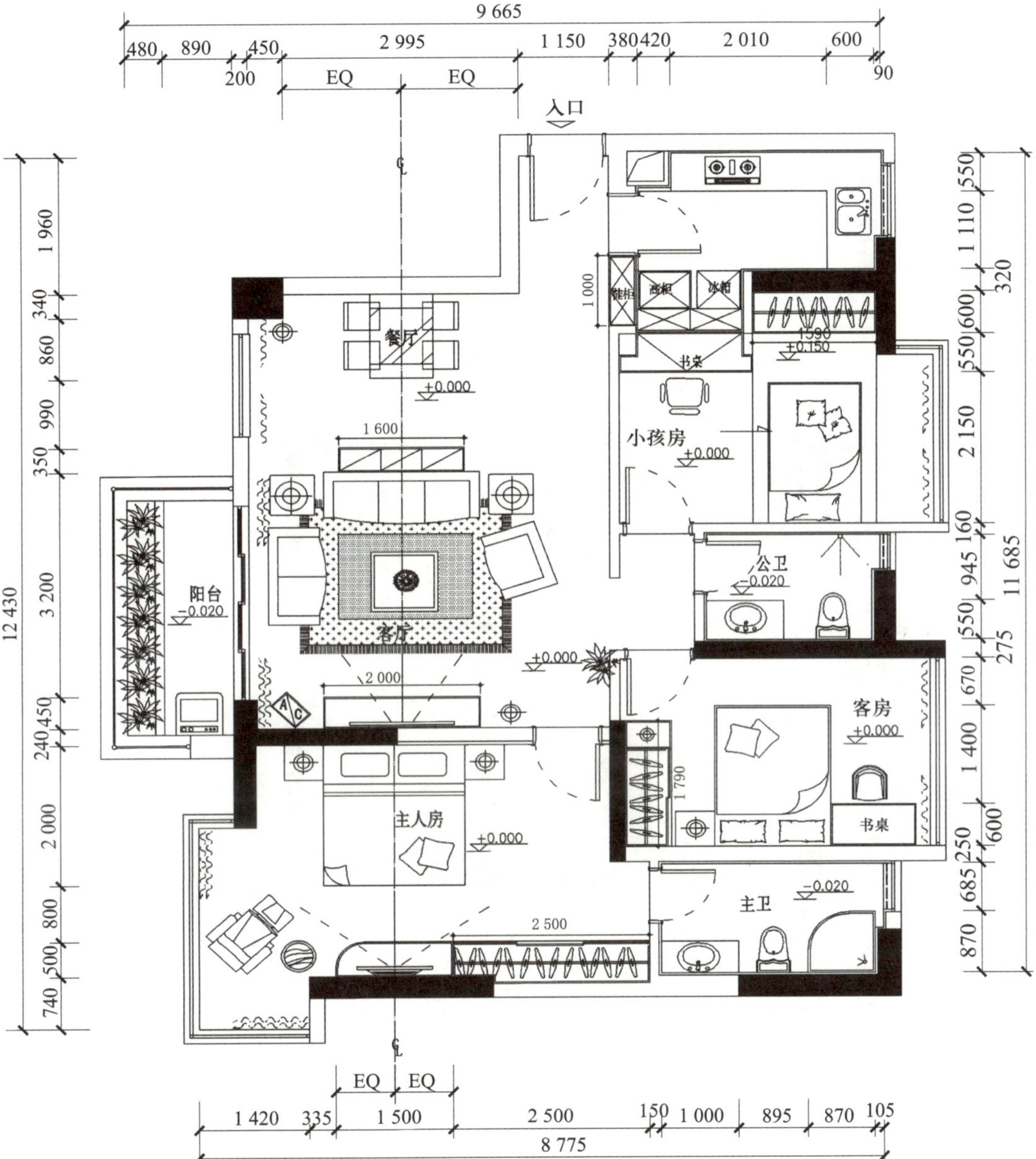

9 665
480 890 450 2 995 1 150 380 420 2 010 600
200 90
EQ EQ
入口
餐厅
±0.000
1 600
客厅
小孩房
公卫
阳台
-0.020
书桌
冰箱
高柜
鞋柜
2 000
客房
主人房
主卫
2 500
1 420 335 1 500 2 500 150 1 000 895 870 105
8 775
12 430
11 685

平面布置图　1：75

a)

入口
白色条形铝扣板天花
夹板造型天花油白色ICI乳胶漆
夹板造型窗帘盒油白色ICI乳胶漆
原顶天花油白色ICI乳胶漆
原梁油白色ICI乳胶漆
夹板造型天花油白色ICI乳胶漆
条形铝扣板天花
原梁油白色ICI乳胶漆
原梁油白色ICI乳胶漆
夹板造型窗帘盒油白色ICI乳胶漆
原顶天花油白色ICI乳胶漆
条形铝扣板天花
夹板造型窗帘盒油白色ICI乳胶漆
原顶天花油白色ICI乳胶漆
夹板造型天花油白色ICI乳胶漆
夹板造型窗帘盒油白色ICI乳胶漆
原顶天花油白色ICI防潮乳胶漆
原顶天花油白色ICI乳胶漆
夹板造型天花油白色ICI乳胶漆
夹板造型窗帘盒油白色ICI乳胶漆
图例：
符号
内容
总电箱位（强、弱电箱位）
筒灯
石英射灯（开孔直径70）
天花吸顶灯
天花灯
天花吊灯
暗藏T5光管（暖光）
暖色走珠灯
卷帘
排气扇
天花布置图 1：75

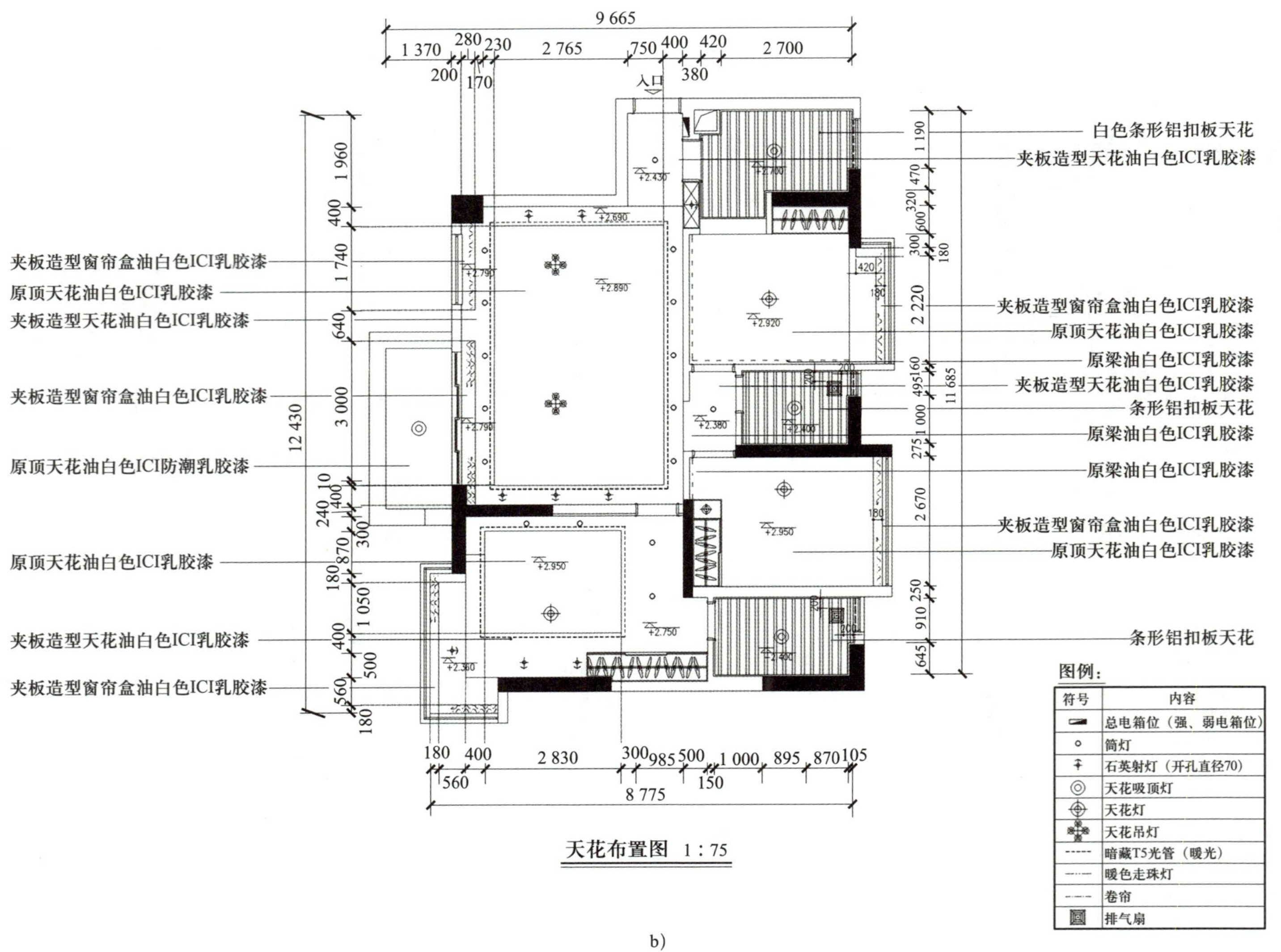

b)

夹板造型天花油白色ICI乳胶漆
墙面油白色ICI乳胶漆
10公分高墙砖地脚线
市场订做
夹板造型天花油白色ICI乳胶漆
成品装饰画
墙面油白色ICI乳胶漆
10公分高墙砖地脚线
夹板造型天花油白色ICI乳胶漆
成品装饰画
墙面油白色ICI乳胶漆
10公分高墙砖地脚线
客厅B立面图 1∶50
夹板造型天花油白色ICI乳胶漆
墙面油浅咖啡色ICI乳胶漆
10公分高墙砖地脚线
夹板造型天花油白色ICI乳胶漆
窗帘窗纱（甲方自购）
原有推拉门
墙面油浅咖啡色
ICI乳胶漆
夹板造型天花油白色
ICI乳胶漆
原有窗
10公分高墙砖地脚线
夹板造型天花油白色ICI乳胶漆
墙面油白色ICI乳胶漆
10公分高墙砖地脚线
客厅D立面图 1∶50
c)

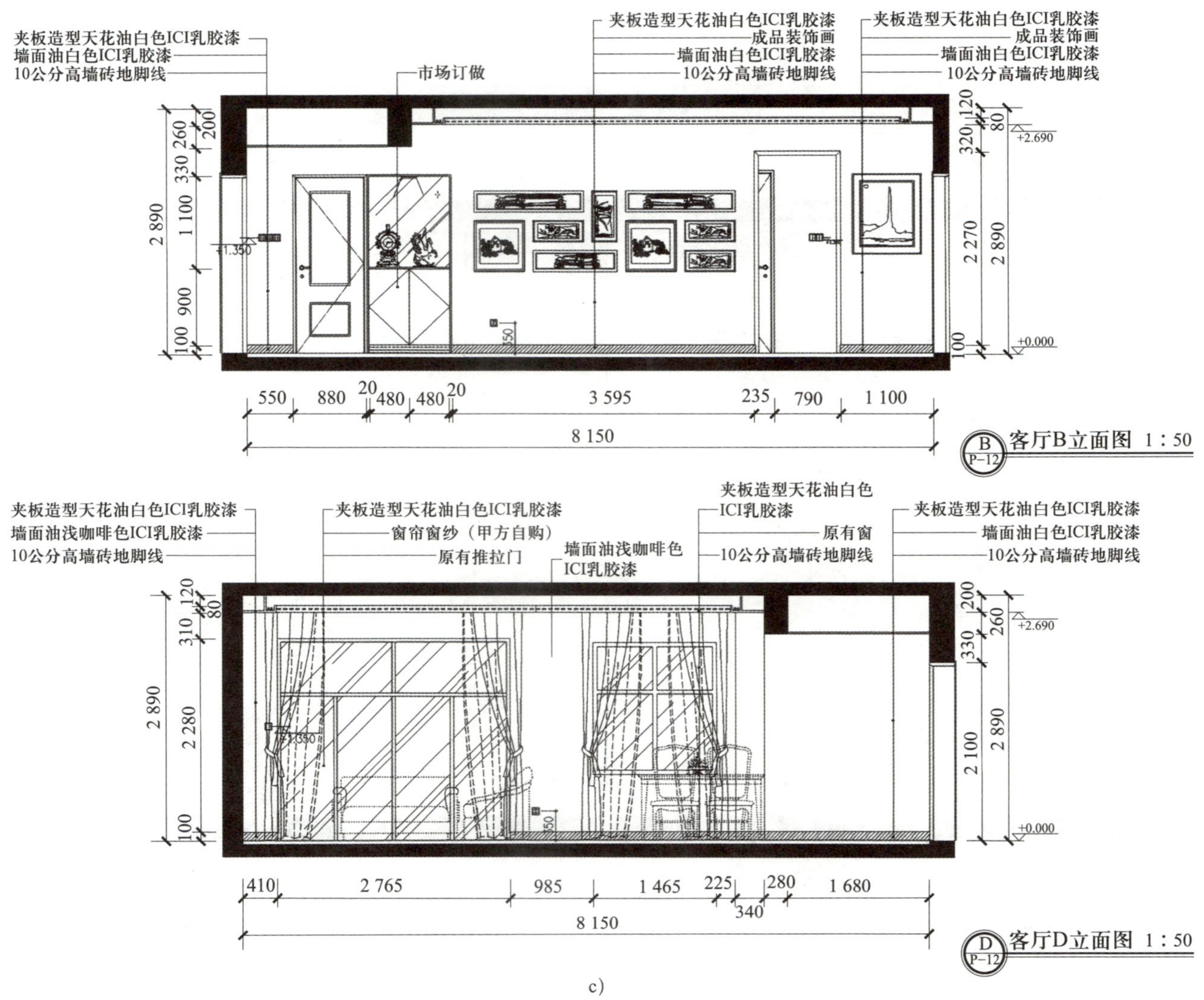

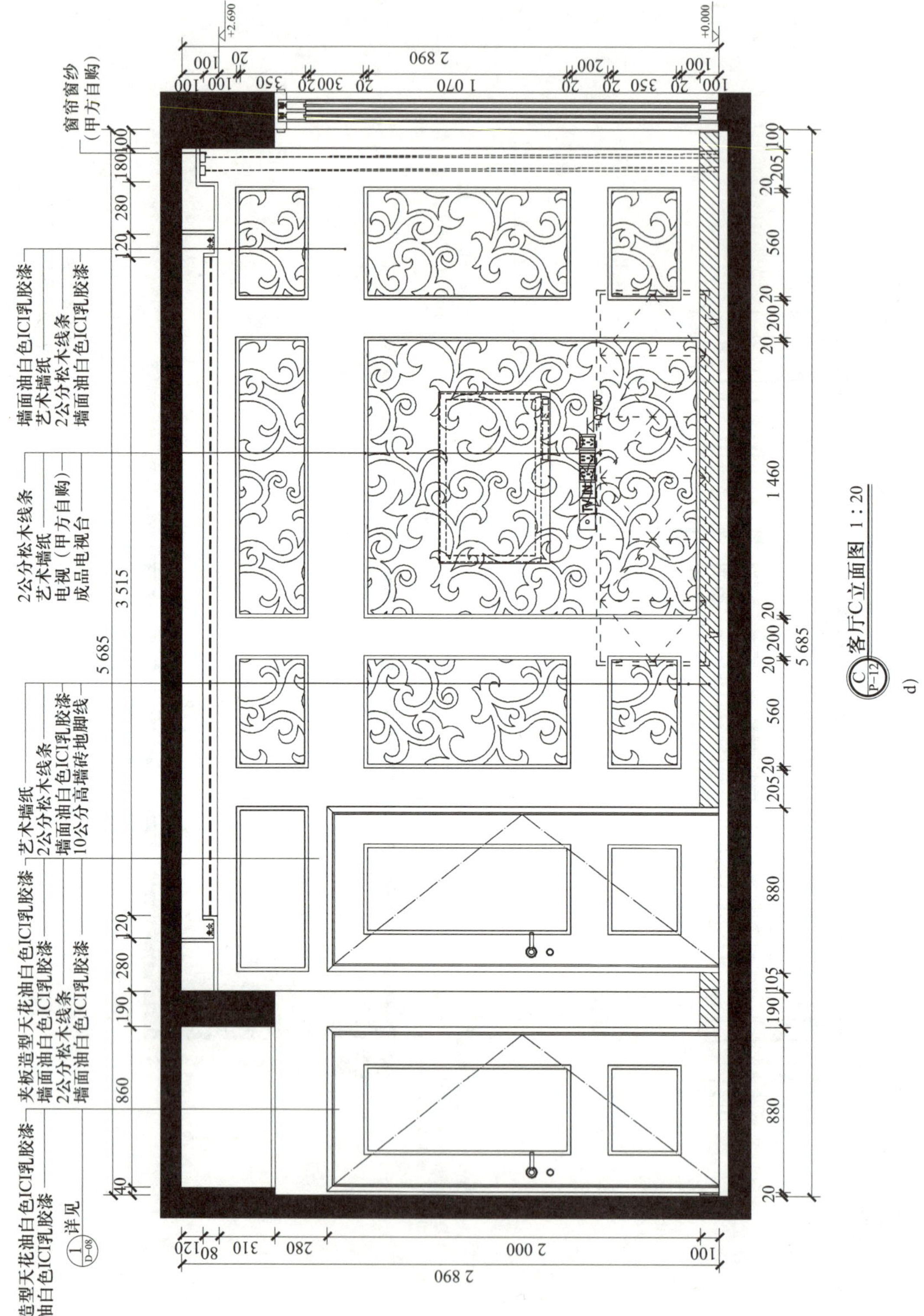

C P-12 客厅C立面图 1:20

d)

e)

图 2-2-8　新中式风格客厅的设计方案

第三节　餐厅设计

一、餐厅设计的基本要求

在现代居住空间中，餐厅已成为人们重要的活动场所。餐厅不仅是人们共同进餐的地方，也是人们宴请亲朋好友、交谈与休闲的地方。

餐厅可单独设置，也可作为起居室的一部分设置在起居室靠近厨房的区域，通常餐厅设置于厨房和起居室之间最为合理。餐厅就餐区域设置应考虑人的行走路线、端菜等活动的空间；色彩上应采用暖色调，如橙色、黄色等可以增进人们食欲的颜色，不宜采用绿色、蓝色、紫色等。餐厅设计要注意以下三个方面。

1. 餐厅墙面装饰

在对餐厅墙面进行装饰时，应把握建筑物内部空间，根据空间的使用性质和所处位置，运用科学技术及文化艺术手段，创造出功能齐全、舒适美观，符合人的生理需求和心理需求的就餐环境。

餐厅墙面装饰除了要符合餐厅整体设计风格，设计时还要特别考虑餐厅的实用功能和美化效果。一般来讲，就餐环境的氛围要比睡眠、学习等环境的氛围轻松活泼一些，餐厅墙面装饰时要注意营造一种温馨祥和的氛围，以符合家庭成员团聚在一起对环境氛围的要求。

餐厅墙面的装饰手法多种多样，设计师应根据实际情况，因地制宜。有的居住空间餐厅面积较小，那么餐厅墙面可采用镜面装饰材料，在视觉上打造餐厅面积变大的效果，如图 2-3-1 所示。

图 2–3–1　餐厅墙面采用镜面装饰材料

餐厅墙面装饰时要注意突出餐厅的风格，而餐厅的风格与装饰材料的选择有很大关系：有天然纹理的原木材料透露着自然纯朴的气息；深色墙面，风格典雅，气韵深沉，富有浓郁的东方情调。

色彩对人们的心理影响很大，餐厅环境中的色彩能影响人们就餐时的情绪，因此，绝不能忽略餐厅墙面装饰的色彩。餐厅墙面装饰的色彩设计因个人爱好与性格不同而有较大差异。但总的来讲，餐厅墙面装饰的色彩应以明朗轻快的颜色为主，如图 2–3–2 所示。在实际餐厅设计中，设计师经常采用橙色以及与它相同色相的“姊妹”色作为墙面装饰色彩，不仅能给人以温馨感，还能提高人们的兴致，促进人们之间的情感交流。当然，在不同的时间、季节及心理状态下，人们对色彩的感受会有所变化，这时可利用灯光来调节餐厅氛围。

图 2–3–2　餐厅墙面装饰的色彩

餐厅墙面装饰既要美观，又要实用，不可盲目堆砌各类装饰材料。在餐厅设计时，可在餐厅的墙面上挂一些字画、瓷盘、壁挂等装饰品，但要根据餐厅的具体情况灵活配置，装饰品不可喧宾夺主，杂乱无章。

2. 餐厅照明

灯光是营造餐厅气氛的关键因素。餐厅宜采用低色温的白炽灯、奶白灯泡或磨砂灯泡，这类灯具的光为漫射光，不刺眼，能发出自然光感，

比较亲切、柔和。餐厅照明也可以采用混合光源，即结合使用低色温灯和高色温灯，混合光源的照明效果接近日光的，而且光源颜色不单调，有多种选择。

人们选择餐厅灯具时，很容易陷入只注重灯具形式的误区。餐厅的照明方式是局部照明，主灯为餐桌上方的灯，宜选择下罩式、多头型、组合型的灯具。餐厅灯具的形式应与餐厅的整体风格一致，同时，灯具在亮度、柔和度、自然度方面应达到使用要求。餐厅一般不适合采用朝上照的灯具，这不符合人们就餐时对光照的要求。图 2-3-3 所示为不同的餐厅灯具设计。

图 2-3-3　不同的餐厅灯具设计

一般情况下，餐厅还会设置相关的辅助灯，以烘托就餐环境。辅助灯的用途多种多样，如在餐厅家具（玻璃柜等）内为陈设品照明，为艺术品、装饰品局部照明等。设置辅助灯主要不是为了照明，而是为了打造光影效果，烘托就餐环境，因此，辅助灯的照度应比主灯的低，在突出主灯的前提下，辅助灯的设置要做到有次序、不杂乱。

3. 餐桌

餐桌是餐厅的核心，文化对就餐方式的影响集中体现在就餐家具上。中国人的餐桌大多是正方形和正圆形的，因为中餐的就餐方式是共食制，即围绕一个中心就餐。随着西餐进入我国餐饮市场，我国居民家庭中的餐桌的形状也发生了变化，长方形餐桌（见图 2-3-4）逐渐进入了普通家庭。用餐时间本身也是人们交流、放松的时间，因此餐厅应让人感到舒适。

图 2-3-4　长方形餐桌

要想使人们在就餐时感到舒适、放松，设计师在餐厅设计时应重点关注餐桌、餐椅的形态。东方人对正方形和圆形的餐桌更感兴趣，他们认为在这类餐桌上吃饭，人们之间关系更亲密、更平等，如图 2-3-5 所示。当然，也有些人认为大餐桌更气派。人们坐在餐椅上时，身体会略向后靠，而非正襟危坐或向前倾斜身体；坐下时人们应感觉舒适、放松，而不是紧张。人们坐在餐椅上，餐桌台面的高度应能使人们手臂活动方便，视线不被遮挡，杯碗盆碟应在其视线之下，同时不妨碍人们之间的视线交流。一般来讲，餐桌的高度应在 700 mm 以下。

图 2-3-5　正方形餐桌

二、餐厅设计的方法

1. 餐厅的设置形式

（1）独立餐厅。一般面积比较大、标准较高的住宅需设独立餐厅，通常会单独设置一个房间为餐厅，餐厅与其他功能空间相互独立，以打造一个安静舒适的就餐区域。

（2）非独立餐厅。功能相对独立，各个功能空间相互关联，常见的形式有餐厅和客厅在一个空间内，餐厅与厨房在一个空间内等。

在餐厅设计时，可利用天花层面造型或层高做空间划分，也可利用地面材料、墙面造型、隔屏、家具等划分虚拟空间。餐厅与厨房连为一体的形式虽然节省空间，但这种餐厅设置形式不太适合中餐的烹饪。

2. 餐厅的家具选择

（1）餐桌、餐椅。餐桌的形状有正方形、圆形、长方形等，材质有原木、玻璃、金属、贴饰面板几种，餐椅的造型、材质要与餐桌相匹配。

（2）餐柜。餐柜主要用来储藏和陈设餐具器皿，如用餐时使用的杯、碟、碗、筷子、刀叉等。在餐厅设计时，可将餐柜的储藏功能与工艺品陈设功能等一并考虑，以使其造型丰富、情趣盎然。工艺品陈设位置可设计装饰灯光，以突出工艺品，提升餐厅情调。餐柜有单列式的、嵌墙式的两种，后者较实用，既节省空间，又可隐藏一些管线。

（3）酒吧台。酒吧台由地台、吧橱、吧凳三部分组成，既可储存酒，又有装饰功能。酒吧台有设在客厅空间内的，有单列式的，有与餐柜组合成一体式的，也有以隔断的形式设计的。

3. 餐桌、餐椅的尺寸

（1）餐桌的尺寸。常用正方形餐桌的尺寸为 760 mm × 760 mm，常用长方形餐桌的尺寸为 1 070 mm × 760 mm。餐桌标准宽度为 760 mm，一般不能小于 700 mm，否则人们相对而坐时会因餐桌太窄而相互碰脚。一般餐桌高度为 700 mm。常用圆形餐桌的直径为 900 mm、1 200 mm、1 500 mm，这三种直径的餐桌分别为 4 人座餐桌、6 人座餐桌、10 人座餐桌。

（2）餐椅的尺寸。一般餐椅座位的高度为 410 mm，靠背高度为 400 ~ 500 mm，靠背较平直，可有 2° ~ 3° 的外倾，餐椅坐垫厚约为 20 mm。

4. 餐厅装饰与照明

（1）餐厅装饰。餐柜等大多以木质的为主；墙面可用涂料、壁板、木纹饰面装饰；天花可平可吊，可简可繁，如不想大面积吊顶，可在天花周边进行较少层次的造型处理；地面材料以地砖、大理石等易清洁的材料为宜；色彩可视居住空间整体风格及主人的喜好而定。

（2）餐厅照明。餐厅照明有灯光、自然光两种。灯光照明可采用主灯与辅助灯相配合的形式，如果只有主灯而无辅助灯，会使人感到压抑。在餐厅中可利用灯光渲染气氛，明亮的灯光能增加人们的食欲。

三、餐厅设计案例

在一般的居住空间设计中，餐厅空间与客厅空间是连在一起的，因此，餐厅设计风格要与客厅设计风格相协调。图 2–3–6 所示为中式风格餐厅设计，该餐厅中，餐

图 2–3–6　中式风格餐厅设计

桌、花几、酒柜、隔断具有中国传统家具的特色，墙上壁纸的风格与家具的风格协调统一，很好地营造了中式餐厅氛围。图 2-3-7 所示为欧式风格餐厅设计，该餐厅装饰颜色以黄色为主，墙面、地面均用大理石装饰，天花贴金箔，配以水晶吊灯及豪华餐桌，打造出豪华、典雅的餐厅氛围。图 2-3-8 所示为现代简约风格餐厅设计，该餐厅装饰色彩淡雅，装饰颜色以黑、白、灰为主，餐桌及餐椅造型简单、实用，显得十分舒适、时尚。

图 2-3-7　欧式风格餐厅设计

图 2-3-8　现代简约风格餐厅设计

第四节 厨房设计

一、厨房设计的要求

1. 符合操作流程

厨房布局应便于食物储存、准备、清洗、烹调，厨房操作流程如图 2-4-1 所示。在进行厨房设计时，一般可将厨房分为储藏、清洗、调制、蒸煮四大功能区，应按照人体工程学的原理和操作者在厨房工作“顺手、省力、省时”的原则对厨房功能区进行设计。为方便使用，存放食物的箱子、厨具、洗涤剂等应以洗涤池为中心摆放，同时，在炉灶旁两侧应留出足够的空间，以便于放置餐具。在对厨房工作台进行设计时，应充分考虑厨房的大小、形状。厨房较小时，工作台可设计成一字形；厨房较宽敞时，工作台可沿两面墙设计成走廊式，这种形式的工作台可容几个人同时工作；也可以把工作台设计成沿墙 90° 双向展开的 L 形，这种工作台有利于多人流水式工作。厨房工作台的台面高度、吊柜高度必须依据人体工程学原理进行设置。以东方人的体形来说，厨房工作台台面高度一般为 850 mm，吊柜高度为 370 mm，工作台长度可依据厨房空间大小确定。厨房各个元素设计时常用尺寸见表 2-4-1。

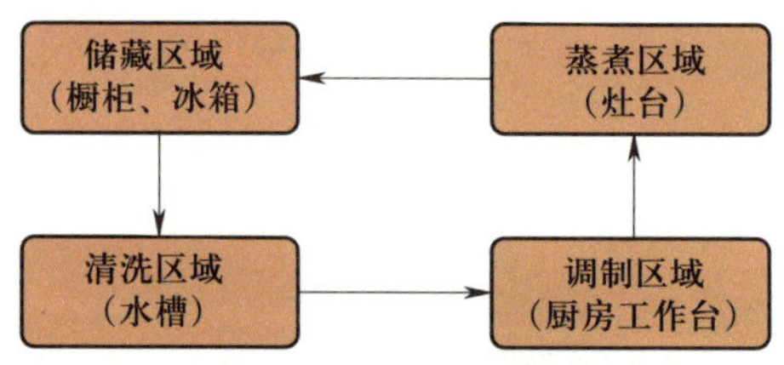

图 2-4-1 厨房操作流程

表 2-4-1 厨房各个元素设计时常用尺寸

名称	模数尺寸（宽 × 深）	备注	名称	模数尺寸（宽 × 深）	备注
燃气灶台	900 mm × 600 mm	双灶	厨用冰箱	（750 ~ 800 mm）× 600 mm	
洗菜池台	900 mm × 600 mm	双池、套池	洗碗机	600 mm × 600 mm	一、二类配置
热水器	600 mm × 350 mm（或 300 mm）	最小尺寸	工作台	900 mm × 600 mm	宽度可增加
吸油烟机柜	750 mm × 600 mm		储藏柜	600 mm × 600 mm	

2. 符合现代人的需求

设计厨房时，设计师必须充分了解现代人在物质层面、操作层面、技术层面、心理层面甚至社交层面上的各种需求，这样才能设计出符合现代人对功能和审美的要求，能反映最新科学技术水平和现代社会精神风貌，具有时代特色的现代厨房。图 2–4–2 所示为干净整洁的现代厨房设计。

图 2–4–2　现代厨房设计

现代厨房完全不同于过去的厨房。过去的厨房大多充满油烟，又湿又暗又挤，通常在人们的居住空间中处于最不起眼的位置。现代厨房有了很大的变化，不但配置现代化、厨具多功能化，有宽敞明亮的空间，而且越来越追求环境的优美和氛围的温馨。厨房的空间布局、厨具款式、设计风格、色彩效果等很大程度上会影响备餐者的工作效率和就餐者的心情。如今，厨房不但是人们烹饪食物的地方，更是人们就餐、聊天的场所。

目前，市场上出现了整体厨房设计与销售的商家，厨房中的现代化设备越来越多，使厨房信息化、自动化成为可能。因此，现代厨房设计必须符合现代社会科技发展的水平，符合人们对现代生活的期待。设计师对这些先进的技术要高度敏感，并要及时将最新的科技发展成果应用在厨房设计中，以跟上时代发展的潮流。

3. 做好厨房的收纳设计

厨房中要放置设备、厨具，这些设备、厨具的放置和厨房操作流程息息相关，所以厨房的收纳需要精心设计。在设计前，首先要确定厨房中各种设备的型号、色彩、尺寸以及五金拉手的形式、型号、安装要求，然后按照厨房操作流程、人们的使用习惯及美学要求分别为各种设备设计合适的位置。一些组合设计的厨房收纳空间，不仅可以使物品储存得井井有条，而且能给人带来使用的快感和视觉的美感。厨房用五金拉手形式很多，有抽拉式、拉翻式、折叠式，熟悉五金拉手的功能和尺寸是加强厨房收纳设计的重要手段。良好的厨房收纳设计不仅有储物方便、储藏空间大的优点，而且美观时尚。图 2–4–3 所示为厨房的收纳设计。

图 2-4-3　厨房的收纳设计

二、厨房设计的方法

1. 厨房的布局

厨房的布局通常有厨餐分开式、厨餐合并式两种。厨餐分开式厨房的优点主要是能减少气味、油烟的污染；厨餐合并式厨房则更节约空间，但不易清洁。

厨房的平面布局主要依据厨房空间的大小、入口位置、管道预设位置、油烟排放口位置、窗户位置等确定。厨房的平面布局形式常由橱柜的形式确定，橱柜的形式主要有一字形、U 形、L 形、岛台式。

（1）一字形橱柜。所有工作台沿一面墙排列，这是狭窄厨房平面布局的最佳方案，如图 2-4-4 所示。

图 2-4-4　一字形橱柜

（2）U 形橱柜。在二字形橱柜的基础上加一排橱柜以连接两边橱柜，这样橱柜就有了转角，它适用于面积较小的厨房中，如图 2–4–5 所示。

图 2–4–5　U 形橱柜

（3）L 形橱柜。将橱柜做成 L 形，适用于面积较大的厨房，橱柜短的一边可作柜台和餐桌，但注意长的一边不宜过长，过长会降低操作者的工作效率，如图 2–4–6 所示。

图 2–4–6　L 形橱柜

（4）岛台式橱柜。将工作台放在“岛”上，岛台式橱柜往往由一字形、L 形及 U 形橱柜结合而成，如图 2–4–7 所示。由于空间很宽余，安装岛台式橱柜的厨房的清洗区域、蒸煮区域、调制区域、储藏区域可以划分得很明确。独立的岛台，既可以作餐桌、吧台，也可以作工作台，方便实用。它的缺点是制作成本较高，空间浪费比较严重，适合面积较大的住宅。

厨房的立面布局主要包括工作台与吊柜在空间上的分割，厨用电器的摆放、组合等。

2. 厨房的界面装饰和照明设计

厨房的界面装饰应以光洁、整齐为原则，装饰材料应具有清洁方便、不易脏、耐高温、耐热、耐久性强的特点。

图 2-4-7　岛台式橱柜

界面的装饰方法一般如下：地面采用防滑地砖装饰，墙壁采用彩釉印花砖装饰，顶棚采用铝扣板、塑料扣板、烤漆扣板装饰。不同装饰材料的装饰效果不同，如图 2-4-8 所示。

图 2-4-8　不同装饰材料装饰的厨房

厨房照明设计的原则是照明有利于烹饪工作的高效开展，整体照明和局部照明相互配合，可视具体情况采用防水灯、日光灯、节能灯。

三、厨房设计案例

目前，市场上也有很多整体厨房设计与销售的商家，这些商家能为客户提供量身定制的厨房设计服务，整体厨房设计服务能更好地根据厨房的具体情况和设备的尺寸进行设计，为客户提供实用、舒适的厨房环境，图 2–4–9 所示为整体厨房设计。

图 2–4–9　整体厨房设计

第五节　卫生间设计

一、卫生间设计的要求

卫生间是现代居住空间中必不可少的功能空间，卫生间设计越来越受到人们的重视。一些户型较大的套房或别墅中通常会设置好几个卫生间，分别为卧室卫生间和公共卫生间。受欧美文化影响，如今卫生间一般由厕所、盥洗室、浴室三个空间组合而成。厕所除了要有满足人们方便需求的功能之外，还必须为人们洗手提供方便；盥洗室是人们用来洗脸、洗手、刷牙、简单化妆的地方；浴室主要是用来洗澡的。这三个空间在功能上紧密联系，绝大多数的家庭能够接受这样的卫生间设计。随着时代的发展，卫生间满足人们的基本需求已不是问题，设计时尚的卫生间整洁美观，情调高雅，气味芬芳，图 2–5–1 所示为各种风格的卫生间设计。卫生间设计要满足以下几点要求。

a）

b）

c）

d）

图 2–5–1　各种风格的卫生间设计

a）现代简约风格卫生间设计　b）欧式简约风格卫生间设计　c）欧式风格卫生间设计　d）中式风格卫生间设计

1. 满足人们基本需求

一般的卫生间能满足人们方便、洗澡、日常洗涤、洗衣等基本需求，所以对其环境有私密性、合理性、享受性、艺术性等要求。

（1）私密性。卫生间玻璃可以使用磨砂玻璃，透光不透形；浴室中可使用浴帘，浴帘起遮挡作用，也能防止水的外溅；窗户上还可安装窗帘，方便人们按需使用。

（2）合理性。卫生间的合理性设计应做到四个分离：

1）干湿分离。设计师可以根据使用者对功能和审美的需求设计不同形式的浴室柜，以方便各种洗浴用品、清洁用品以及衣服等分类放置。另外，设计师还可以根据家庭成员组成不同设计浴室柜，以使每个家庭成员都有独立的储物空间，让他们感觉更方便、卫生。

2）厕浴分离。可将卫浴功能拆分，方便区域与洗浴、洗脸区域分开，厕浴分离能更好地满足人们的使用要求，减少人们之间的互相干扰。

3）男女分离。因男女方便方式不同，男士站立式小便客观上容易使坐便器被污染，为了保持卫生，在空间允许的条件下卫生间内应安装男士小便器。

4）洗脸、洗手、洗脚用具分离。可设置两个洗脸盆，一个专门用来洗手，一个专门用来洗脸。在空间允许的条件下，还可设置专门的洗脚盆，以保证卫生干净，防止交叉感染。

（3）享受性。在一些豪宅中，卫生间的面积较大，有的超过了 12 m^2。这些卫生间在设计时，设计师将音乐设备、影视设备、家具、绿化植物、小型更衣间、化妆间，甚至小书房、小酒吧也融入卫生间，这样卫生间的舒适性、休闲性可大大提高。在空间允许的条件下，还可在洗手间设置个性化的洗浴设备，如木质浴桶、冲浪按摩设备、干热蒸汽设备、蒸桑拿设备等。

2. 符合卫生间设计的流行趋势

卫生间的设计风格和装饰材料需要特别关注。近年来，金属材料的卫浴制品越来越多，如金属的浴室把手、毛巾杆、卷纸器、肥皂盒、漱口杯、棉签盒以及铜铝复合或铝制的新型散热器等；石材、玻璃、木材等逐渐成为陶瓷制品的替代品；玻璃面盆越来越受女性青睐；木质浴桶使“小资人群”心动；玻璃马赛克也在卫生间设计中非常受欢迎。

二、卫生间设计的方法

1. 卫生间的布局

要根据卫生间的面积大小对其进行布局设计，如卫生间面积为 1.5 ~ 2 m^2，在其中只设置洗脸盆、坐便器即可；卫生间面积为 3 ~ 4 m^2，在其中可设置洗脸盆、坐便器、淋浴房或浴缸、浴柜、洗衣机、电话；卫生间面积为 4 ~ 6 m^2，在其中可设置洗脸盆、坐便器、妇洗器、淋浴房、浴缸、拖把池、浴柜、洗衣机、干发器、电话；卫生间面积为 6 ~ 8 m^2，在其中可设置洗脸盆 2 个、坐便器、妇洗器、淋浴房（多功能）、浴缸（冲浪或加气）、拖把池、浴柜、洗衣机、干发器、电话。图 2–5–2 所示为某卫生间的布局。

2. 卫生间的界面装饰

卫生间顶面的装饰变化不多，基本上以一种装饰材料为主，常用材料有 PVC 扣板、铝扣板、玻璃、木材等。卫生间的墙面大多采用瓷砖装饰，可采用通体一色的瓷砖，也可采用三段式、二段式方式贴瓷砖，交界的部位可用花瓷砖装饰。当然个性化的设计可采用的装饰材料往往不局限于瓷砖，玻璃、防腐木材、亮水泥、油漆、文化石等都是可选的装饰材料。卫生间的地面一般不做变化设计，以一种造型设计为主，面积大的卫生间可以通过变化装饰材料来丰富装饰效果。卫生间地面常用的装饰材料有防滑砖、文化石、玻璃、防水地板、防水油漆等。图 2–5–3 所示为卫生间界面装饰。

图 2–5–2　某卫生间的布局

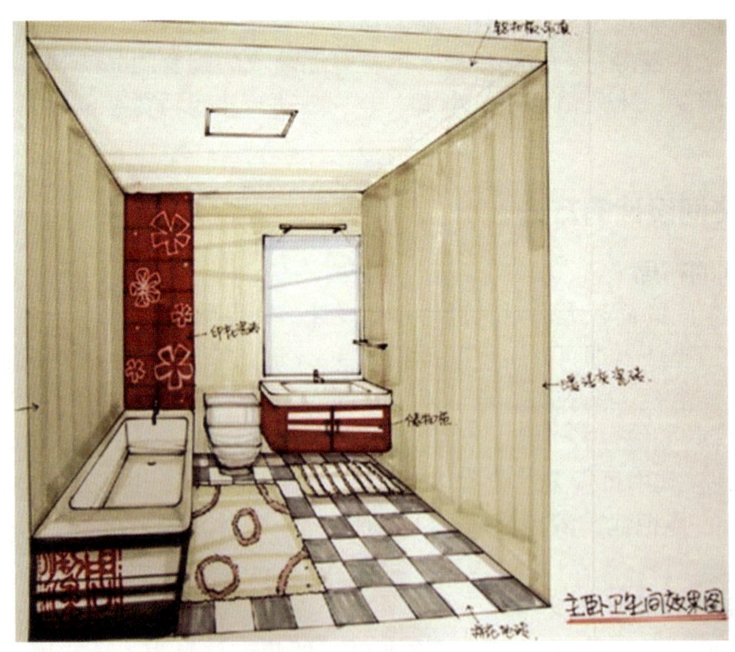

图 2–5–3　卫生间界面装饰

3. 卫生间的色彩和照明

（1）色彩。卫生间的色彩应以淡雅、浪漫、干净的色彩为主，色彩之间明度接近，

反差不宜太大，饱和度高的颜色要慎用。淡雅风格的卫生间，中性色是最佳选择，中间偏亮的色调比较适宜；浪漫风格的卫生间，典型色调是粉红色。图 2–5–4 所示为某卫生间的色彩设计。

图 2–5–4　某卫生间的色彩设计

（2）照明。卫生间照明总体上应给人明亮清爽的感觉。一般情况下，普通卫生间只需要在镜前安装一个镜前灯，在浴缸上方安装一个浴霸即可满足照明要求。镜前灯一定要有合适的亮度，灯光自然，不要有虚假的光影，不刺眼，没有眩光。豪华卫生间可以采用多种照明方式，如整体照明、局部照明、功能照明、氛围照明、夜间照明等，灯具要有造型感，富有情调，可采用灯带，运用一定的图案造型，营造浪漫的氛围；同时，还要考虑镜前灯的选择和人们泡澡阅读时对照明的需要。

4. 卫生间内的家具和陈设品

随着社会经济的发展，卫生间家具的种类越来越丰富，造型、色彩越来越漂亮。卫生间内的主要家具有盥洗台、浴缸、淋浴屏风等。这些产品都有不同型号和价位，设计师要根据需求合理配置。卫生间内的陈设品包括挂画、工艺品、器皿、植物等，设计师要从审美的角度，选购艺术水平较高、有文化底蕴的陈设品。

三、卫生间设计案例

卫生间的面积虽然不大，但是设计创意的空间却很大，图 2–5–5 所示为几个卫生间设计案例。图 2–5–5a 所示为机能整合型卫生间，该卫生间设计注重机能整合，洗脸盆下方有毛巾架等，可让使用者感觉很贴心。图 2–5–5b 所示为采用暖色设计的卫生间，该卫生间天花板使用与墙面同色系的美耐板装饰，营造了温暖的氛围。图 2–5–5c 所示为卫浴干湿分离的卫生间，干湿分离的设计更加贴近人们实际生活需要。图 2–5–5d 所示为充满现代感的卫生间，该卫生间泡澡区地面铺有鹅卵石和环塑木料，营造出充满现代感的氛围。

图 2-5-5　卫生间设计案例

a）机能整合型卫生间　b）采用暖色设计的卫生间　c）卫浴干湿分离的卫生间　d）充满现代感的卫生间

第六节　卧室设计

一、卧室设计的要求

随着人们对居住环境要求的不断提高，卧室除了能为人们提供睡眠空间，其附加功能逐渐增多，如为人们提供梳妆、休息和阅读、储藏等的空间。卧室设计要满足以下几个要求。

1. 卧室要有私密性

卧室的环境一般不可外露，有条件的话最好设计一个卧室小玄关，将卧室有

效遮挡起来。如果卧室空间较大，可在床上安装帷幔，这样做一方面可以保护人们的隐私，另一方面也可使床看起来更加温馨、更加浪漫，帷幔还有防蚊的作用，如图 2-6-1 所示。卧室的窗帘是不可缺少的装饰品，除了可调节光线和卧室氛围，最主要的功能还是保护人们的隐私。此外，还要注意卧室的隔声效果，卧室的隔声效果主要取决于门、窗、隔墙的质量。如果在框架结构的房子里，用柜子做隔墙，卧室的隔声效果就会比较差。

图 2-6-1　在床上安装帷幔

2. 储藏空间设计要合理

卧室设计时还要注意储藏空间的设计，衣服、棉被类物品一般都储藏在卧室中（见图 2-6-2）。储藏空间设计大有讲究，主要有以下两种手段：

图 2-6-2　卧室储藏空间设计

（1）采用组合式衣柜。功能齐全、延伸性能好的组合式衣柜，最适用于存放多类衣物，不同宽度、高度与深度的内部配件，如网篮、抽屉或衣架等，让衣有所属、物有所归。为了方便收拿衣物，组合式衣柜设计应以不同类型衣物的存放要求为依据。

（2）采用收纳小工具。在卧室角落，S 形挂钩、挂衣架或小收藏箱等小工具可充分发挥收纳功能，如折叠挂钩，平时不用时可将其收起贴紧墙面，使用时扳下可悬挂多件衣物，是使用方便又不占空间的小工具。

3. 重视人们的特殊需求

在卧室设计时，设计师要深入了解客户的各类信息，以满足一些客户的特殊需求，如客户为医生、夜班工作人员，他们为了晚上有更好的精力，白天必须休息好，可是白天各种生活的声音无法避免，因此这类人群的卧室设计在隔声方面要做专门处理。门窗部位是隔声处理的重点部位，可采用中空玻璃或双层玻璃做门窗玻璃，同时配置多层厚窗帘；另外，还可为门设计密封的防撞条，并且地板也作隔声处理。

4. 营造良好的氛围

卧室设计要注意卧室的私密性和享受性，同时关注其丰富性和方便性。卧室要有多种功能，充满趣味，以使人们能在卧室中充分放松、休息。主卧室最好有独立的卫生间。另外，卧室设计要温馨浪漫，充满情调，如图 2–6–3 所示。

5. 家具的尺寸合理

卧室是人们休息的场所，卧室内的主要家具有床、床头柜、衣柜和梳妆台等。

（1）床的尺寸。床的长度一般为 2 000 mm 左右，床的宽度有 900 mm、1 350 mm、1 500 mm、1 800 mm、2 000 mm 等，床的高度一般为 500 mm 左右，床如果太高，人们坐在床上时脚会悬空，会感觉不舒服。床头可做成倾斜的，倾斜度一般为 15° ~ 20°，这样人们使用起来最方便，床头柜应与床垫表面齐平，床头柜过高人们容易撞到头，过低则不便于取物。床两边通道宽度应不小于 600 mm，床尾通道宽度应不小于 1 000 mm。

（2）衣柜的尺寸。衣柜的标准高度为 2 440 mm，分下柜和上柜，下柜高一般为 1 830 mm，上柜高一般为 610 mm，如衣柜中有抽屉，则每个抽屉高为 200 mm。一组衣柜（两扇门）的宽度一般为 900 mm，每扇门宽为 450 mm。衣柜的深度一般为 600 mm，衣柜深度和柜门厚度之和不得小于 530 mm，否则柜门容易夹住衣服。衣柜柜门上如镶嵌全身镜，全身镜的尺寸一般为 1 070 mm × 350 mm，安装全身镜时，其顶端要与人的头顶齐平。

二、卧室设计的方法

1. 卧室的布局

卧室是以床为主要家具的空间，卧室布局设计时，要先考虑床的摆放位置。床的摆放主要有以下几种形式：

（1）两面下床的形式。双人床或双拼单人床摆放在卧室中间，床两边各摆放一个床头柜。这是经典的床的摆放方式，适合大多数家庭的卧室，如图 2–6–4 所示。

图 2–6–3　温馨浪漫的卧室设计

图 2–6–4　两面下床的形式

（2）标准房形式。类似宾馆客房床的摆放形式，两张单人床中间摆放一个床头柜，这样在同一个房间的人不易互相影响。这种床的摆放形式适合老年夫妻、兄弟姐妹等的卧室，如图 2-6-5 所示。

图 2-6-5　标准房形式

（3）一面下床形式。在空间较小的卧室中，可将床靠一侧墙摆放。

（4）架空形式。将床架空，可充分利用床下的空间，这种床的摆放形式多用于年轻人的卧室。

（5）多功能形式。当卧室空间足够大时，可采用地台式床、围栏式床、圆形床（见图 2-6-6）等，以营造浪漫的氛围。

图 2-6-6　圆形床

床的位置确定后，可以床为中心配置床头柜、床前几、电视柜、化妆柜、床边桌或床上桌、衣柜、步入式衣柜等家具。

2. 卧室的界面装饰

卧室设计时，一般会选择一面墙作为卧室的背景墙，对其进行重点设计并装饰，

其他墙面则会简单装饰，常用的卧室墙面装饰材料有石膏板、涂料、墙纸、织物、软包、木夹板等，卧室墙面局部也可采用镜面玻璃、艺术玻璃等装饰。

卧室中常用的顶面装饰材料有纸面石膏板、木夹板、涂料、墙纸等。卧室的地面一般铺满木地板或地毯。卧室中常用的木地板有实木地板、复合地板、竹木地板等，它们纹理美观、脚感舒适，是卧室地面装饰的最佳材料，如图 2–6–7 所示。地毯有良好的保温性能，质感舒适，非常受欢迎。

图 2–6–7　使用木地板的卧室设计

3. 卧室的色彩与照明

（1）色彩。卧室的色彩应以淡雅、浪漫、干净的色彩为主，饱和度较高的色彩要慎选，中性色是最佳选择，中间偏亮的色彩比较适宜，色彩之间明度应接近，反差小。卧室设计常用的色彩有以下几种：

1）轻柔平和的色彩（见图 2–6–8）。卧室设计时采用轻柔平和的色彩一般不会出错，这种色彩温馨又不失浪漫，常以白色、米色为主体，局部以艳丽颜色点缀。

图 2–6–8　轻柔平和的色彩

2）明媚阳光的色彩（见图 2-6-9）。年轻人的卧室可以适当采用饱和度高的色彩，以营造明媚阳光的氛围，例如，可选用鹅黄色、嫩绿色、鲜蓝色、青草绿色、明净的蓝色等，也可将淡绿色和白色组合、青蓝色互相交替使用等。

图 2-6-9　明媚阳光的色彩

3）单纯的色彩（见图 2-6-10）。男性或者比较内向的人可能喜欢单纯的色彩，简单的黑白灰组合，视觉上让人感到简单舒适。单纯的色彩的卧室设计可用颜色有黑色、白色、灰色等。黑白灰的组合最好以白色为主，黑白交替使用。

图 2-6-10　单纯的色彩

4）朴实的色彩（见图 2-6-11）。朴实无华是有些人的人生追求，这部分人在选择卧室色彩时也带有这样的偏好。朴实的色彩的卧室设计可选的颜色有白色、木色、栗色和枣色等。

（2）照明。卧室的照明设计要打造柔和、温馨的气氛（见图 2-6-12），卧室重点区域应采用整体照明和局部照明相结合方式，整体照明应以吸顶灯为主，以照亮整个卧室，局部照明则应以床头区域的分散照明为主，可采用双壁灯或台灯。卧室其他区域照明应以点式照明为主，可采用台灯、悬臂灯、造型灯。卧室里的灯具和设备的开关最好能集中在一起。经常起夜的老年人的卧室一定要安装小功率的夜灯，也可考虑采用“长明灯”。

图 2-6-11　朴实的色彩

图 2-6-12　卧室的照明设计

4. 卧室的绿植与陈设品

卧室的绿植主要起点缀作用，陈设品一般为主人的照片、生动有趣的工艺品等，有的卧室还会摆放视听设备等。卧室设计以简单为宜，以便清理打扫，绿植要有利于人体健康。布艺是营造卧室氛围较好的装饰材料，浪漫的床帏、绚丽的窗帘、布艺盒子、布艺沙发等都会对卧室空间起到装饰作用。装饰画、淡雅的花卉等也会使卧室更温馨，但是不要将一些太活泼或气势恢宏的画挂在卧室。图 2-6-13 所示为卧室绿植与陈设品摆放方式。

图 2-6-13　卧室绿植与陈设品摆放方式

三、卧室设计案例

卧室设计是居住空间设计最重要的内容之一，是人们非常重视、资金投入较多的地方。设计师要在材料、色彩、造型等方面认真考虑，以设计出舒适、温馨的卧室。图 2-6-14 所示为现代中式风格卧室设计，该卧室以暖灰色为主色调，墙面的咖啡色与家具、地板的木色为同类色调，床头背景墙的暖色花卉图案形成卧室空间的视觉焦点，配以青花瓷图案的沙发，使得卧室充满温馨、浪漫的艺术情调。图 2-6-15 所示为老年人卧室设计，该卧室色彩为灰色配木色，成熟稳重。图 2-6-16 所示为欧式风格主卧室设计，床头背景墙采用深咖啡色软包装饰，墙面用黄色碎花壁纸装饰，地面用木地板装饰，再配以新洛可可风格的卧室家具及水晶吊灯，营造出了典雅、尊贵的氛围。

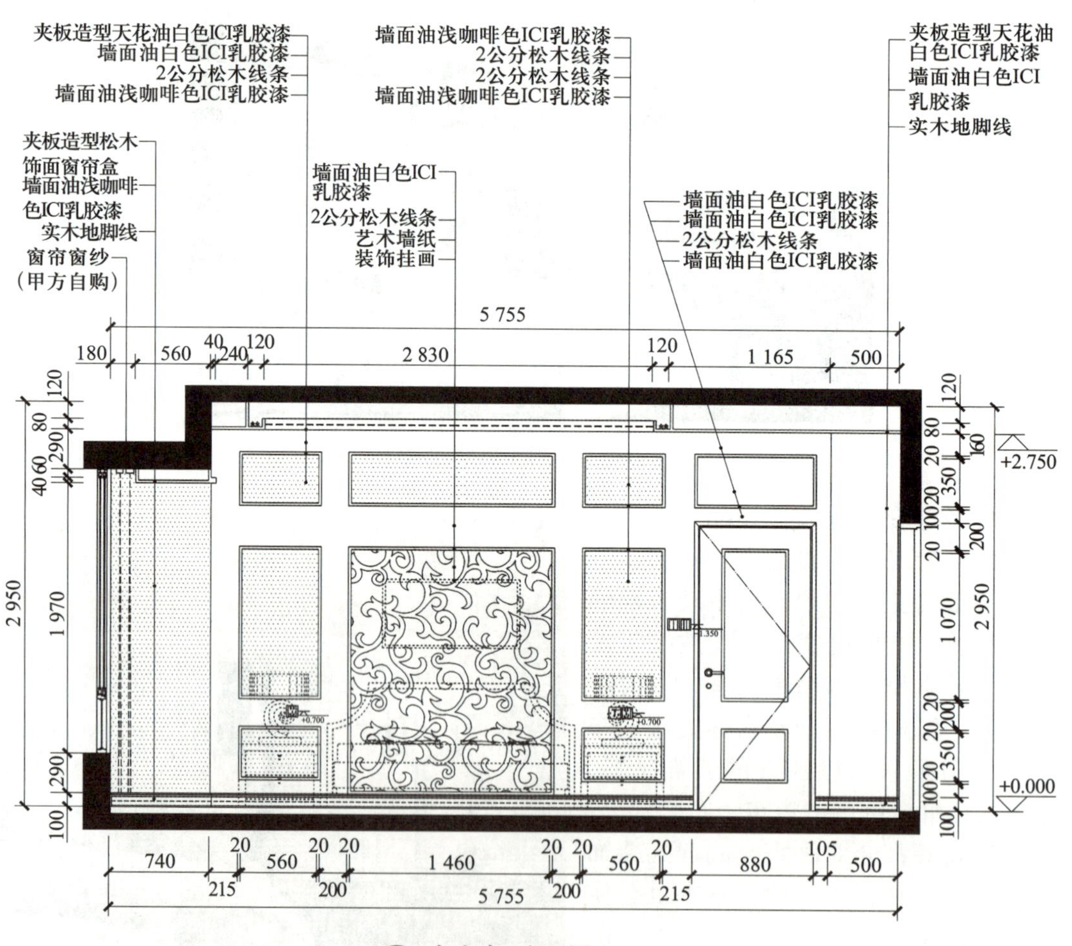

a)

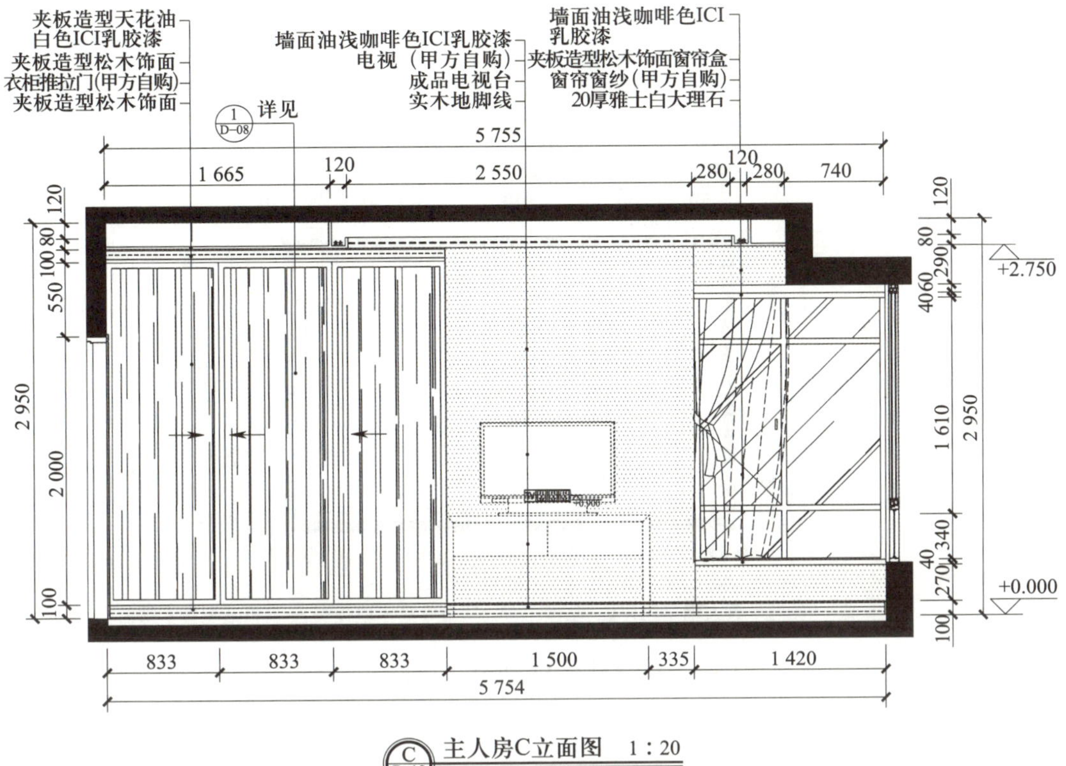

b)

c)

图 2-6-14 现代中式风格卧室设计

罗马帘
帕斯米黄大理石包窗边
墙纸
详见
10公分实木地脚线
夹板造型柚木饰面
卧室A立面图 1：40

a)

罗马帘
清镜
银色镜框
不锈钢条
黑镜
留缝5 mm填黑
夹板造型柚木饰面
详见
帕斯米黄大理石包窗边
装饰画（甲方自购）
墙纸
夹板造型柚木饰面
柚木饰面
150 mm宽木线框
10公分实木地脚线
卧室B立面图 1：40

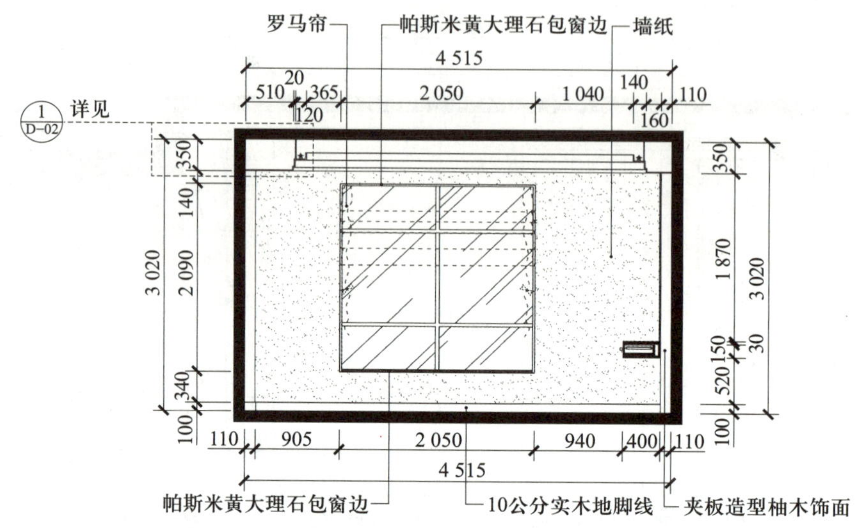

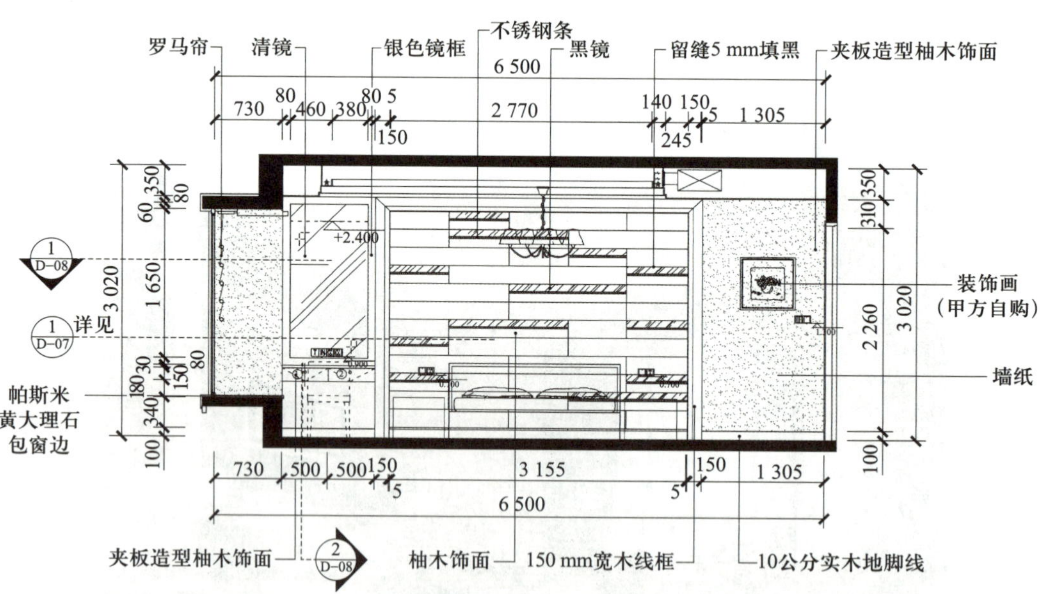

b)

c)

图 2-6-15　老年人卧室设计

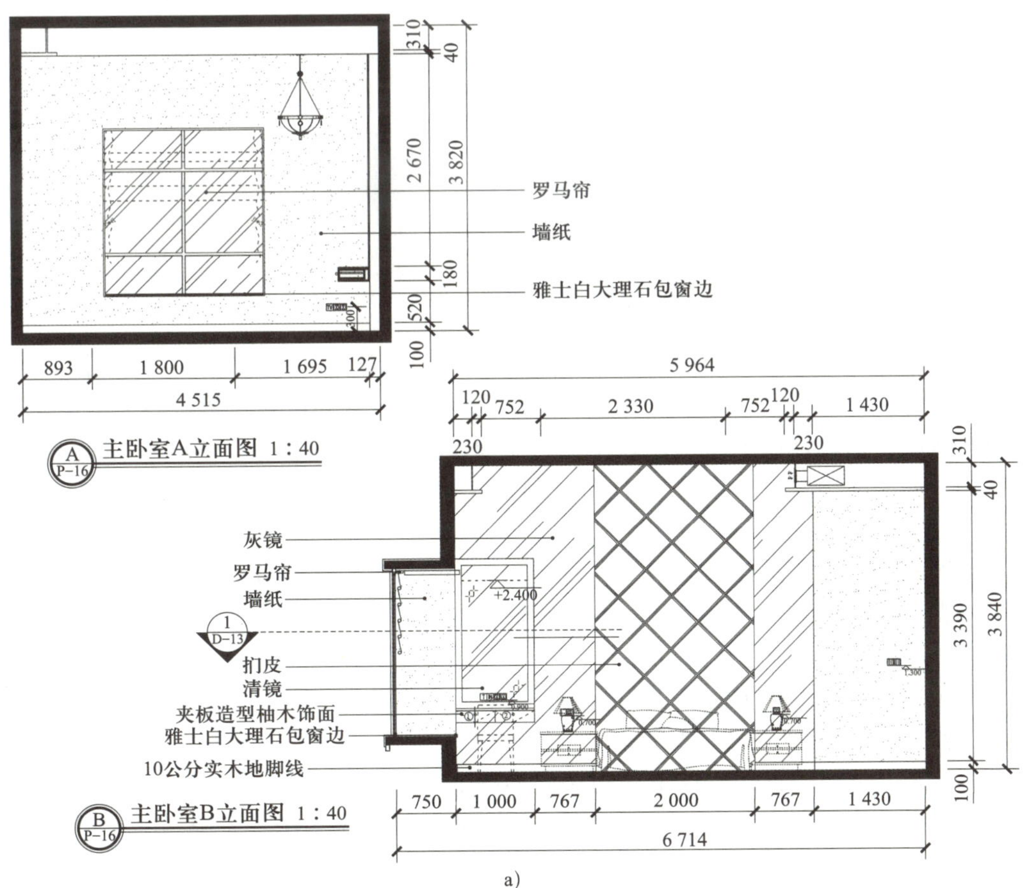

a)

b)

图 2-6-16　欧式风格主卧室设计

第七节　书房设计

一、书房设计的基本原则和基本要求

书房对于大多数现代家庭而言是必不可少的一个房间。一般来说，一个用于看书、写字、办公、使用计算机的专门房间就是书房，书房一般还可兼作接待客人的会客室。有些书房还可以设计成工作室，如作家、律师、教师等人群的书房和工作室的形态是相同的，而对于一些艺术家、设计师、科技工作者，其书房与工作室的差异就会较大。

书房的基本功能是提供办公、陈设书籍、视听、阅读、通信、会客的场所等。书房中一般要配备写字台、电脑桌及办公设备、书柜或展示柜、沙发、茶几等。

1. 书房设计的基本原则

书房设计的基本原则有以下两点：一是要营造合适的氛围，二是能提高人们的学习和工作效率。书房是“书香天地”，这是书房有别于其他房间之处。安静的空间，与书为伴，墨香飘飘，进入这个房间人们能静下心来专心读书、工作。因此，书房的氛围要使人们能够在这里高效地学习和工作，尤其对文化工作者来说，书房是无人打扰的专用空间。

2. 书房设计的基本要求

（1）环境恰当。书房环境要能够给人们良好的心理感受，一般来说，书房的环境要符合以下几点要求：

1）有个性。书房是家庭中个人色彩体现比较多的地方，书房环境可以适当彰显个性。

2）专业性强。书房设计要符合人们工作对书房的要求，各种功能必须完善。

3）方便。书房中工具、设备、书籍的放置要符合人们的使用习惯，经常用的物品要触手可及。

4）有文化氛围。书房是满足人们精神需求的空间，应当有浓郁的文化氛围。

（2）氛围良好。书房应有的氛围可以用四个关键词来概括：明亮、安静、雅致、有序。

1）明亮。书房作为读书写字的场所，对于照明和采光的要求很高，过于强或弱的光线，对人的视力都有不利影响，所以写字台最好放在光线充足但阳光不直射的窗边。书房内一定要配置台灯，书柜上要配置射灯，以便于人们阅读和查找专业书籍。

2）安静。安静对于书房来讲，十分重要，人在嘈杂的环境中工作效率很难提高，书房装饰材料要隔声、吸声效果好。书房的顶面可采用吸声石膏板装饰，墙壁可采用PVC 吸声板或软包装饰布等装饰，地面可采用吸声效果好的地毯装饰，窗帘要选择较厚材质的，以阻隔窗外的噪声。

3）雅致。书房设计时，应充分考虑使用者的情趣和爱好，例如，可将使用者收藏的艺术收藏品、钟爱的画作或照片、亲手写的墨宝、喜爱的古朴简单的工艺品陈设在书房中，为书房增添几分雅致。

4）有序。有序是工作效率的保证。书房是藏书、读书的地方，做好书的分类十分有必要。书一般可分为以下几类：随时要看的书、经常需要查阅的书、偶尔查阅的书、偶尔翻阅的书、用来收藏的书。书房设计时，对不同种类的书的存放位置应合理安排。随时要看的书应放在写字台旁边的书写工作区，经常需要查阅的书要放在写字台附近的书柜，偶尔翻阅的书和用来收藏的书可放在书柜上层和下层的储藏区。井然有序的书房布置可以大大提高人们的工作效率。

（3）能提高人们的工作效率。书房的位置选择和内部布局很重要。书房设计时，要考虑使用者的工作性质和特殊需要，要保证其能够有序、专业地开展工作。不是以写为主的工作，如绘画、音乐制作、裁剪、科技发明、陶艺制作等，需配置比较大的工作面和特殊的工作台。另外，要注意减少书房的外来干扰，例如，其他人进入其他房间需要穿越书房等情况，会严重干扰书房中的人，因此，书房的位置应设计在居住空间中相对独立、较安静的地方。

二、书房设计的方法

1. 书房的布局

设计师在设计书房前，要对书房进行定位。书房一般有以下几种类型：普通书房、客房型书房、独用书房、共用书房、陈设型书房、商务型书房、家庭工作室等。设计师应在与客户充分沟通的基础上确定书房的类型，然后对书房进行布局设计。

2. 书房的空间划分

书房的面积一般在 6～30 m^2 之间，中大型书房要合理地进行功能分区。一般来说，书房空间可以分为工作处理区、休息休闲区、展示储藏区三个部分。工作处理区以主写字台、工作椅及交谈椅为中心，在有限的空间内，要对计算机、打印机、复印机、传真机等办公设备进行合理布局。休息休闲区是工作之余适当休息的场所。展示储藏区往往有展示功能，特别是在有会客功能的家庭工作室中，那些能够证明业绩的奖牌、出色的作品、有品位的陈设品、权威证书等都是展示储藏区的主角。

3. 书房的布局形式

常见的书房布局形式有沿墙式、岛式、散点式、阁楼式等。沿墙式的书房布局形式适合小书房，家具和写字台沿墙排列，可使书房有比较大的活动空间，但这种布局形式不利于人们交流，如图 2–7–1 所示。岛式的书房布局形式适合大中型书房，写字台岛式摆放，书柜沿墙摆放，这种布局形式有利于人们交流，如图 2–7–2 所示。散点

图 2–7–1　沿墙式的书房布局形式

图 2-7-2　岛式的书房布局形式

式的书房布局形式适合大型书房，写字台、沙发等分散摆放，如图 2-7-3 所示。阁楼式的书房布局形式适合层高较高的书房，上下分区，有利于书籍的分类存放。

4. 书房常用装饰材料

（1）墙面。书房墙面装饰材料有涂料、墙纸、织物、玻璃、石膏板、木夹板等。

（2）地面。书房地面装饰材料有木地板、地毯等，有会客功能的工作室可选用抛光砖等美观、易于清洗的装饰材料。

（3）顶面。书房顶面装饰材料有纸面石膏板、涂料、墙纸、木地板。

（4）门窗。书房门窗装饰材料有铝合金、塑钢、木材、玻璃等。

（5）固定家具、隔断。书房中的固定家具、隔断常用装饰材料有木材、夹板、装饰面板、艺术玻璃等，如图 2-7-4 所示。

图 2-7-3　散点式的书房布局形式

图 2-7-4　书房中的固定家具、隔断

5. 书房的色彩与照明

（1）书房的色彩。书房的色彩要柔和，能使人平静，最好以冷色调为主。一般来说，书房的墙面、顶面应选用典雅、明净、柔和的浅色装饰，如淡蓝色、浅米色、浅绿色，尽量避免使用有跳跃性和对比强烈的颜色。图 2–7–5 所示为色彩淡雅的书房。

图 2–7–5　色彩淡雅的书房

（2）书房的照明。书房对照明要求较高。书房的照明设计应尽可能利用自然光，自然光有很强的表现力，给人生机勃勃的感觉。书房的采光一般为侧面采光，最好为顶面采光，应尽量使光线从人的左前方射入，如果有高窗采光的条件，一定要充分利用，如图 2–7–6 所示。书房的人工照明宜采用整体照明，即采用直接照明、氛围照明、局部照明、安全照明相结合的照明方式，主灯最好可调节亮度，同时应以满足工作照明为主。书房的光照度应为 140 ~ 300 lx。

图 2–7–6　高窗采光

6. 书房中的家具与陈设品

（1）书房中的家具。书房的家具包括写字台、写字椅、电脑桌、书柜、工作台、会客椅或沙发、折叠家具等。写字台一般由主写字台和辅助写字台组成。写字台必须满足人们的使用需求，有特色。一般书房可以选择小巧玲珑的写字台，有会客功能的工作室或商务工作室的写字台要足够气派。写字椅主要有两种类型，一种是功能性转椅，另一种是时尚文化性转椅。书柜可以设计成开敞式的，也可设计成封闭式的；可以设计成多格子式的，也可以设计成抽屉式的。书房中还可配置躺椅、小茶几等家具，在比较大的书房中可放置 1 ~ 2 个健身器材。

（2）书房中的陈设品。书房的风格比其他房间的更重要，它是家庭品位、格调、底蕴的集中体现。在书房设计时，陈设品的选择与摆放要精心设计。

1）艺术品。可以陈设字画、工艺品、小器皿等，字画要着重体现品位和个性，工艺品要有民族特色，小器皿要精致有趣。

2）植物。植物配置要能体现空间的高低错落，充满生命力，能调节书房氛围。

3）织物。它在很大程度上影响书房的氛围，挂毯可选择有艺术感的织物，窗帘、地毯的风格要与其他房间风格相协调。窗帘可选用既能遮光，又有通透感觉的浅色纱帘，高级柔和的百叶窗帘装饰效果也很好，强烈的日光照过百叶窗帘的窗幔会变得温婉舒适。

三、书房设计案例

书房设计时，要认真分析客户对书房功能的需求及客户的职业、年龄、兴趣等信息。图 2–7–7 所示为现代简约风格的书房设计，单纯的色调、简洁的家具以及金属装饰材料，营造出了现代感极强的书房。图 2–7–8 所示为中学生的书房设计，该书房家具简单实用，色调清新淡雅。图 2–7–9 所示为现代风格的书房设计，该书房沿墙摆放了一排书柜，储物空间大，家具配置简单、大方。图 2–7–10 所示为儿童书房兼卧室设计，该书房的蓝白色调渲染出充满童趣、温馨的氛围。图 2–7–11 所示为双写字台的书房设计，这类书房设计适合有多个小孩的家庭。图 2–7–12 所示为简约欧式风格的书房设计，该书房以白色为主色调，新洛可可风格的写字台很好地展示了书房的风格。

图 2–7–7　现代简约风格的书房设计

图 2–7–8　中学生的书房设计

图 2–7–9　现代风格的书房设计

图 2–7–10　儿童书房兼卧室设计

图 2-7-11　双写字台的书房设计

图 2-7-12　简约欧式风格的书房设计

第八节　综合实训

一、实训题目

为别墅进行空间设计，该别墅的建筑平面图如图 2-8-1 所示。

二、背景信息及设计要求

1. 家庭背景：某中年夫妇育有一名男孩（4 岁）与一名女孩（12 岁），家庭中另有一位保姆常住，偶尔中年夫妇的父母会来小住。男主人从事 IT 工作，女主人经营法国红酒（或茶具）事业，家境富裕。女主人有在家办公的习惯与需求，男女主人均喜爱宽敞开阔的室内设计。

2. 设计要求如下：

（1）建筑结构为框架结构，层高为 3 m。

（2）要求布局合理，风格大方、鲜明，用材高档而不张扬。

（3）可自定风格，配置家具为“美克美家（或皇朝）”系列家具。

（4）要考虑空调安装位置（可用图文说明）。

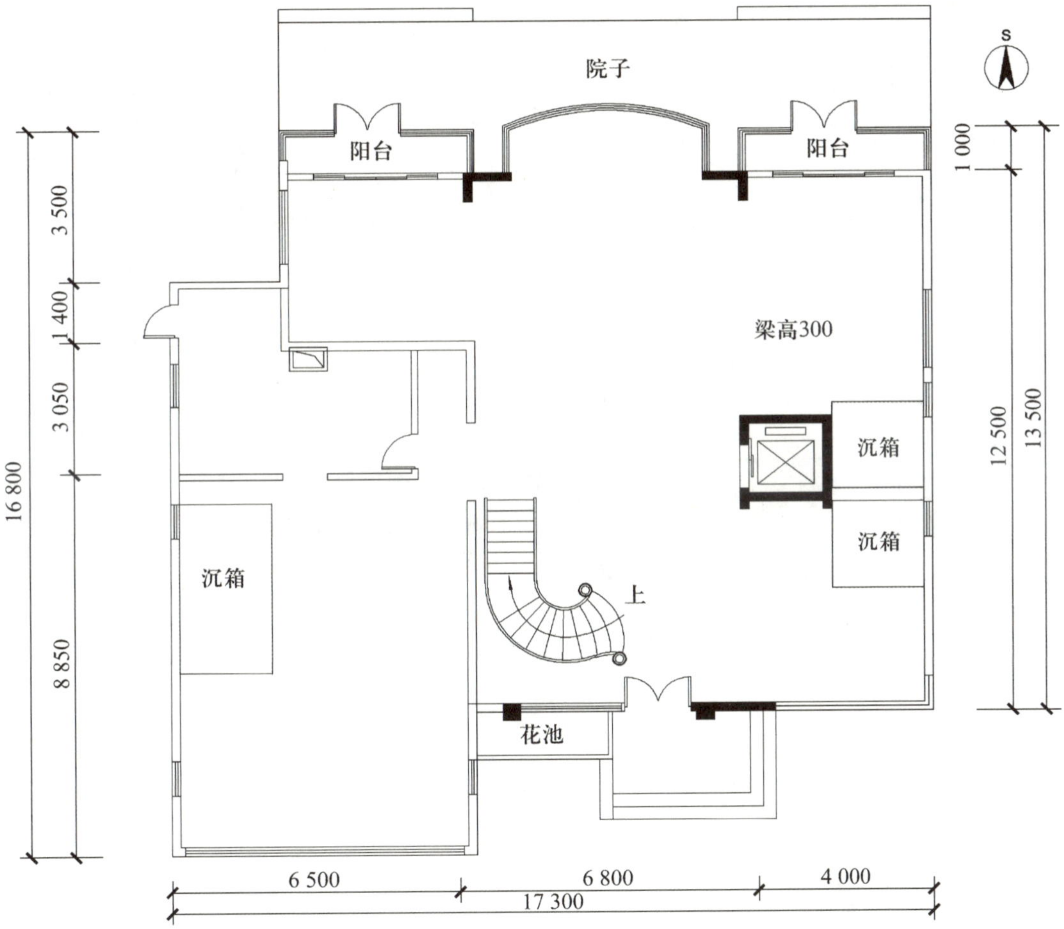

梅林湖岸一层

a）

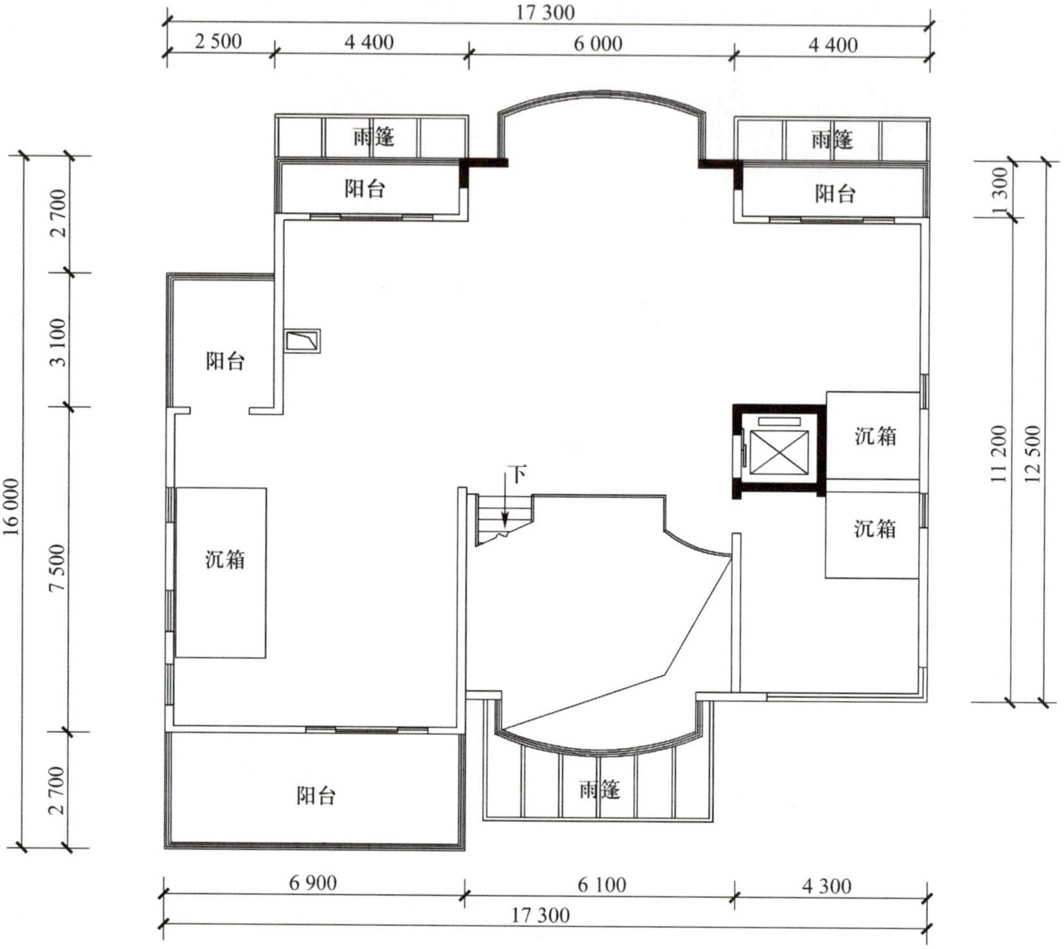

梅林湖岸二层

b)

图 2-8-1　别墅的建筑平面图

思考与练习

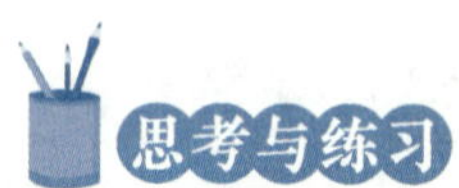

1. 调查目前市场上流行的居住空间设计风格并撰写调查报告。
2. 下图为某住宅的平面图，请依据该图制定一个简约风格的客厅设计方案。

3. 下图为某洋房的平面图，请依据该图制定一个简约风格的餐厅设计方案。

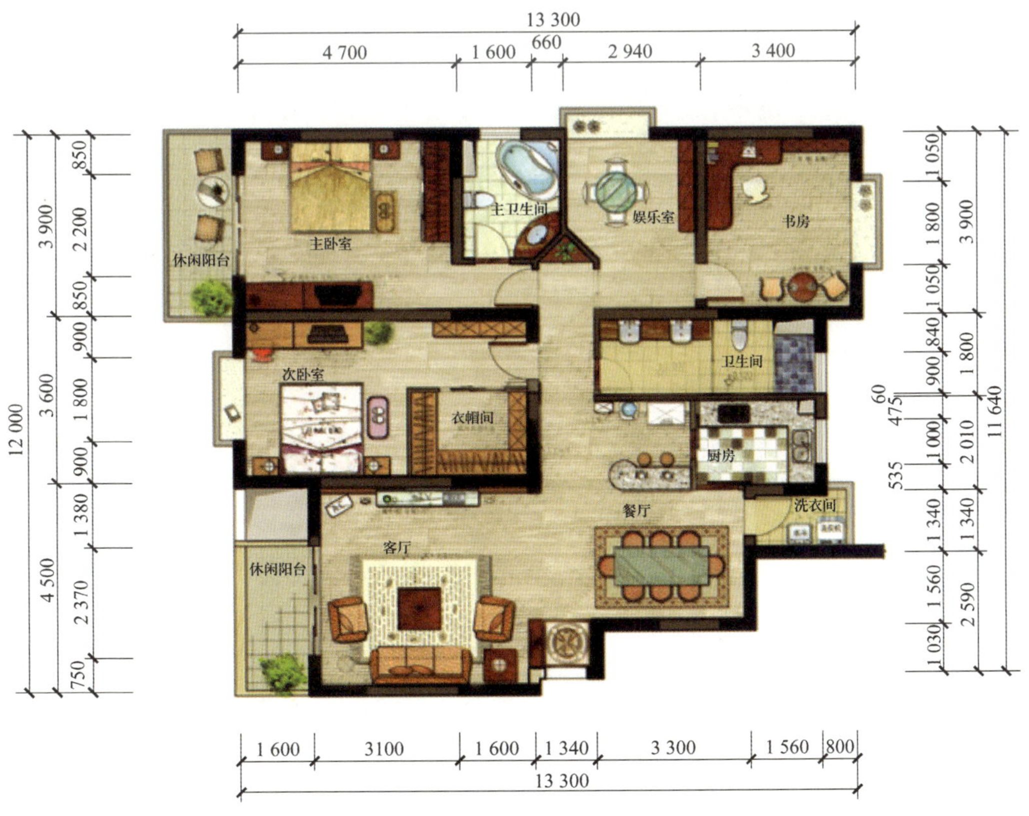

4. 下图为某厨房的平面图，请依据该图制定一个田园风格的厨房设计方案。

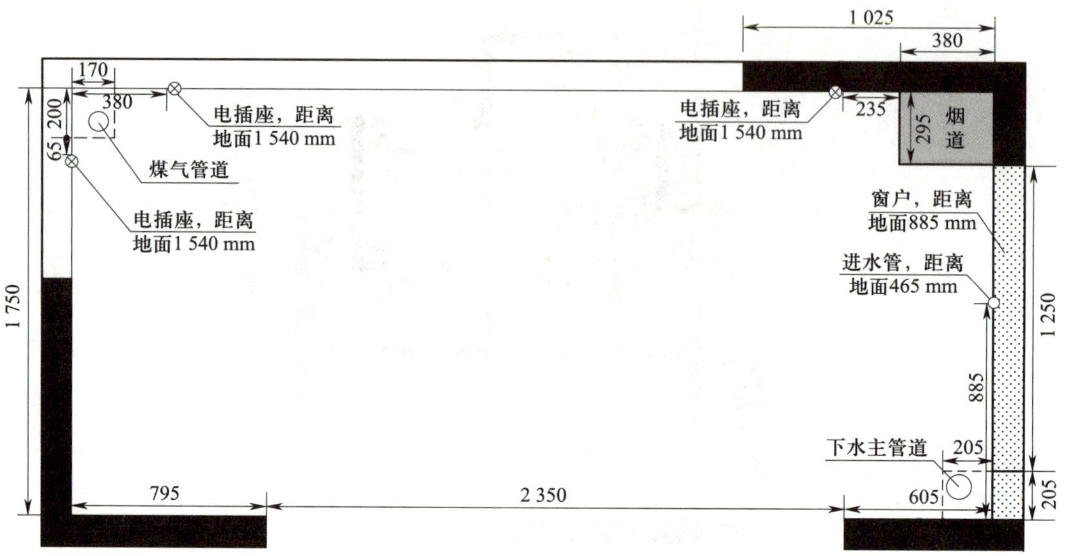

5. 下图为某卫生间的平面图，请依据该图制定一个现代风格的卫生间设计方案。

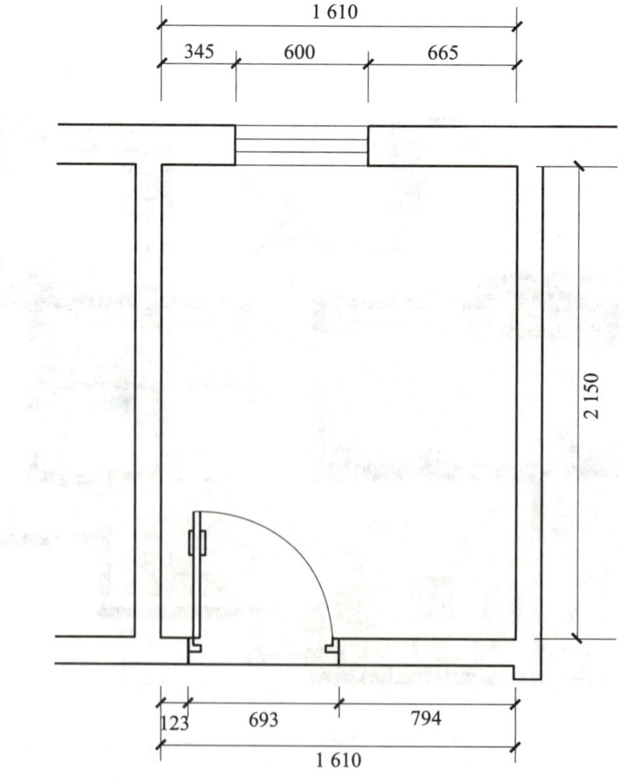

6. 下图为某卧室的平面图，请依据该图制定一个欧式风格的卧室设计方案。

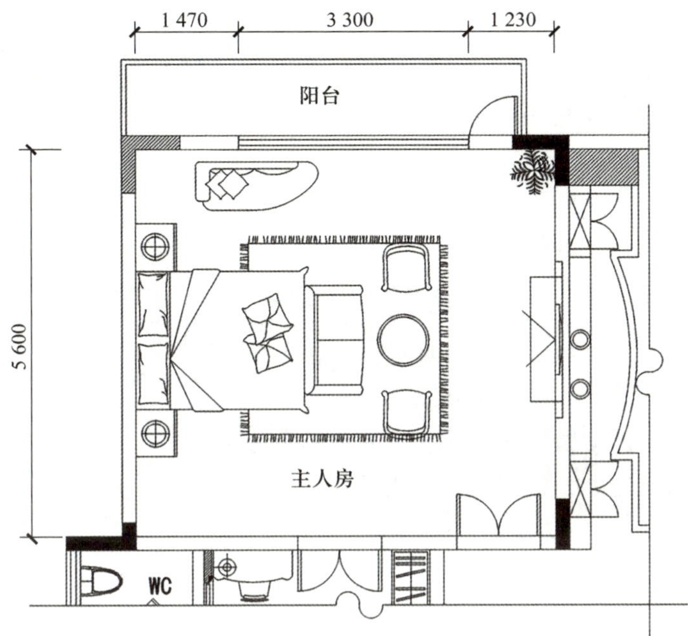

7. 下图为某书房的平面图，请依据该图制定一个中式风格的书房设计方案。

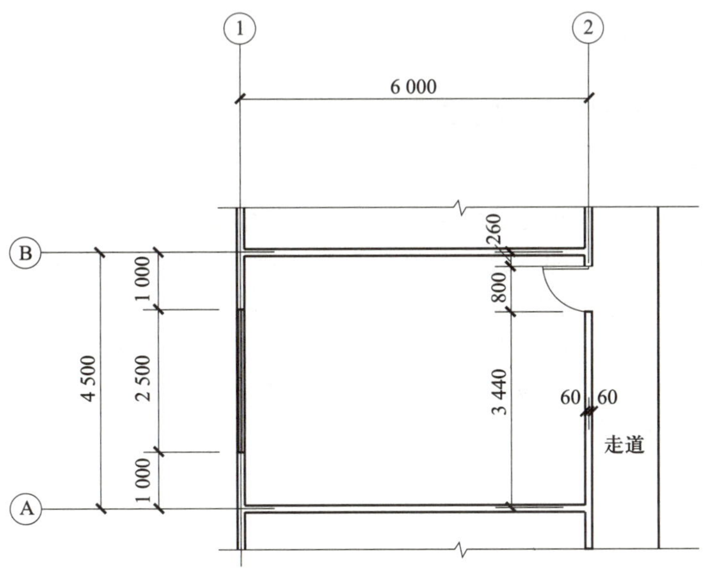

第三章 办公空间设计

学习目标

1. 了解办公空间设计的要求及发展趋势。
2. 能叙述办公空间的分类及构成。
3. 掌握门厅、员工办公室、会议室的设计方法。
4. 能完成普通办公空间的各功能区设计。

第一节 办公空间设计概述

办公空间是处理某种特定事务或提供某种特定服务的地方，办公空间设计要能恰到好处地突出企业文化，同时设计风格也要能彰显出使用者的性格特征，办公空间设计能直接影响企业的形象。

一、办公空间的分类与构成

1. 办公空间的分类

办公空间按单位业务性质不同一般可分为以下几类：

（1）行政办公空间。即党政机关等的办公空间。这类单位形象稳重，办公空间设计风格多以朴实、大方和实用为主，如图 3-1-1 所示。

（2）商业办公空间。即商业和服务单位的办公空间，这类单位经营业务往往带有行业窗口性质，应选择与单位形象一致的风格作为办公空间的设计风格，以塑造单位的形象，如图 3-1-2 所示。

（3）专业性办公空间。即供各专业单位使用的办公空间，这类办公空间可能是行政办公空间或是商业办公空间。使用这类办公空间的单位经营的业务具有较强的专业性。例如，设计师的办公室的设计风格应具有时代感和新意，既能给客户信心，也能充分体现专业特点；电信、银行、税务等单位的办公空间，应在具有专业的功能配置的同时，体现特有的专业形象，如图 3-1-3 所示。

图 3–1–1　行政办公空间

图 3–1–2　商业办公空间

图 3–1–3　专业性办公空间

2. 办公空间的构成

办公空间通常由主要办公空间、公共接待空间、交通联系空间、配套服务空间、附属设施空间等构成，如图 3–1–4 所示。

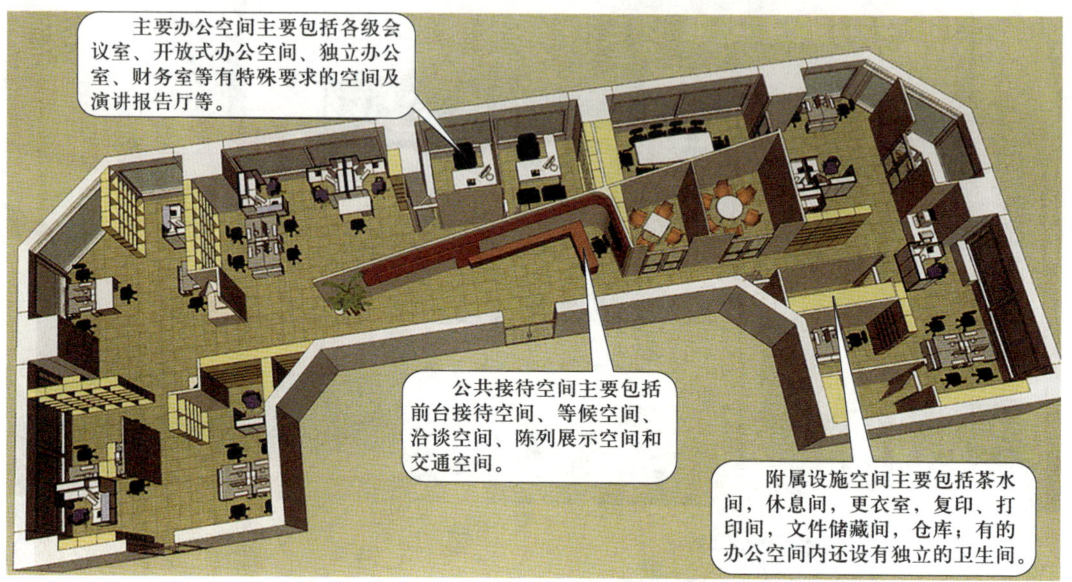

图 3–1–4　一般办公空间的构成

（1）主要办公空间。它是办公空间设计的核心内容，一般有小型办公空间、中型办公空间和大型办公空间三种，如图 3–1–5 所示。

1）小型办公空间私密性和独立性较好，一般面积在 40 m^2 以内，它适用于专业管理型的办公方式。

图 3–1–5　主要办公空间

2）中型办公空间对外联系较为方便，内部联系也较为紧密，一般面积在 40 ~ 150 m^2 以内，适用于组团型的办公方式。

3）大型办公空间的内部空间之间既有一定的独立性，又有较为密切的联系，内部空间划分相对较为灵活自由，它适用于各个组团共同作业的办公方式。

（2）公共接待空间。它主要指办公楼内用于聚会、展示、接待、举办会议等的空间，一般包括大、中、小型接待室，大、中、小型会客室，大、中、小型会议室，各类大小不同的展示厅、资料阅览室、多功能厅和报告厅等，如图 3–1–6 所示。

图 3–1–6　公共接待空间

（3）交通联系空间。它主要指办公楼内用于交通联系的空间，一般有水平交通联系空间、垂直交通联系空间两种，水平交通联系空间主要包括门厅、大堂、走廊、电梯厅等，垂直交通联系空间主要包括电梯、楼梯、自动扶梯等，如图 3–1–7 所示。

图 3–1–7　交通联系空间

（4）配套服务空间。它主要指为主要办公空间提供信息、资料收集、整理、存放服务以及为员工提供生活、卫生服务和后勤服务的空间，通常包括资料室、档案室、文印室、机房、晒图房、员工餐厅、开水间、卫生间以及后勤办公室等。

（5）附属设施空间。它主要指保证办公楼正常运行的附属空间，通常包括变配电室、中央控制室（见图 3–1–8）、水泵房、空调机房、电梯机房、电话交换房、锅炉房等。

图 3–1–8　中央控制室

3. 各类办公空间的面积

根据管理使用要求不同，各类办公空间有不同的适用面积。办公楼内各类办公空间设计的推荐面积定额见表 3–1–1。

表 3–1–1　　办公楼内各类办公空间设计的推荐面积定额

类别	推荐面积定额	附注
一般办公室	3.5 m^2/ 人	不含过道
高级办公室	6.5 m^2/ 人	不含过道
会议室	0.8 m^2/ 人	无会议桌
	1.8 m^2/ 人	有会议桌
设计绘图室	5.0 m^2/ 人	—
研究工作室	4.0 m^2/ 人	—
打字室	6.5 m^2/ 人	人数同打字机数量（包括校对人员）
文印室	7.5 m^2/ 人	包括装订、贮存人员

续表

类别	推荐面积定额	附注
档案室	—	按性质考虑
会议室	20 ~ 40 m^2	—
计算机房	—	根据机型及工艺要求确定
电传室	10 m^2	—
卫生间	男：每 40 人设一个大便器，每 30 人设一个小便器	
	女：每 20 人设一个大便器，每 40 人设一个洗手池	

另外，提高办公空间的环境质量是现代办公空间设计的发展趋势。现代办公楼多为高层，很少能依靠自然光照明，合理地进行采光设计是提高办公空间环境质量的重要手段。通常，单面采光的办公室的进深要不大于 12 m；面对面双面采光的办公室正对的两扇窗的间距要不大于 24 m。办公空间对采光系数的要求见表 3–1–2。

表 3–1–2　　办公空间对采光系数的要求

窗地比	办公空间
≥ 1 : 4	办公室、研究工作室、打字室、复印室、陈列室
≥ 1 : 5	设计绘图室、阅览室等
≥ 1 : 8	会议室

注：窗地比为办公空间窗洞口面积与该办公空间地面面积之比。

二、办公空间设计的要求

从室内设计的角度分析，办公空间设计时，应根据企业机构设置与人员配备的情况合理划分空间，同时要考虑照明方式、色彩、装饰材料等的选择，努力创造一个安全、舒适、高效的办公环境，给人们以视觉上和心理上的满足，从而提高人们的工作效率。

1. 办公自动化

办公自动化是将现代化办公和计算机技术结合起来的一种新型办公方式。办公自动化由五个主要部分组成，即科学技术、办公活动、办公设备、办公人员、人机信息处理系统。办公设备是指计算机设备、通信设备（包括通信网络）、其他智能或非智能设备等；科学技术是指系统科学、行为科学、信息科学、管理科学等，它使办公信息能够被准确采集、正确处理、快速与不失真地传输、高效地组织与管理。

2. 办公空间多样化

随着社会的发展，企业的办公模式越来越多样化，多样化的办公模式决定了办公空间的多样化。

（1）开敞式办公空间。开敞式办公空间是根据工作流程和交际流程的结构，在一个大的开放空间设置一些工作单元的办公空间设计形式，它打破了封闭式办公空间的组成方式。开敞式办公空间设计时，应根据办公空间的需要，通过分析，用构建单元来取代传统书桌、椅子和储藏柜，这些单元结合起来即可形成一个通透的办公空间。开敞式办公空间基本上是由导入空间、通行空间、业务空间和闲暇空间组成的，这种办公空间既没有早期单元式办公空间的单调、沉闷，又弱化了强烈的层级地位带给人的压迫感。开敞式办公空间设计适用于行政办公空间、商务办公空间以及其他综合性的办公空间。

（2）个性化办公空间。如今，人们对办公空间设计的个性化要求越来越高，这一点在建筑设计事务所、广告公司以及高科技网络公司的办公空间设计中体现得最明显。个性化办公空间设计往往会在接待区和会议室等处体现，有的设计公司甚至把会议室内的家具脱俗化，在这样的会议室中开会，人们仿佛不是在开会，而是在聚会，在这样的轻松氛围下，人们的创造力才会充分爆发。这种个性化的办公空间设计比较适合重视创新的企业。

（3）俱乐部式办公空间。办公空间功能的齐全化必然带来办公模式的休闲化，在这类办公空间中，人们可以无线办公或移动办公，茶水区、休闲区、咖啡屋、多功能厅等一应俱全。俱乐部式办公空间设计充满人性化，充满生活的气息，人们在办公之余可充分享受办公空间带来的舒适感。

（4）SOHO 办公空间。SOHO 办公空间是信息快速发展带来的一种新型办公空间设计形式。SOHO 办公空间融合了居住和办公两种功能，它本质上是居住空间，但却实现了功能上的扩展，变成了居住和办公功能兼备的空间。SOHO 办公空间可视为对居住空间进行充实和拓展的产物。

3. 秩序感

秩序感是指在办公空间设计中，要注重办公空间的节奏和韵律、完整和整洁。办公空间设计就是要创造一个安静、平和、整洁的办公环境。办公空间本身应具有一定的秩序、模式和结构。秩序感是办公空间设计的最基本的要求。

4. 明快感

保持办公空间的简洁明快是对办公空间设计的又一基本要求。简洁明快是指办公空间色调统一，灯光设置合理，光线充足，空气清新，这也是人们对办公空间在功能方面的要求。在办公空间中，明快的色调可给人带来愉快的心情，能给人一种干净的感觉，同时也可使办公空间更明亮。

5. 现代感

如今，办公空间设计非常重视办公空间环境的创造，将自然景观引入办公空间，能让办公空间看起来充满生机。重视办公空间环境的创造是现代办公空间设计的重要特征。如图 3–1–9 所示，设计师在进行办公空间设计时，将天空的景色引入办公空间，使办公空间充满现代感。

图 3-1-9 将天空景色引入办公空间

三、办公空间设计的发展趋势

办公空间设计的发展趋势紧随时代的发展趋势。随着经济的发展，城市化进程的加快，越来越多的人进入了办公空间，办公空间的设计也越来越被企业重视。然而，办公空间的设计需要考虑多方面的问题，为了处理好人、环境、设备、人与人之间的关系，景观化、人性化和智能化是未来办公空间设计的发展趋势。

1. 景观化

办公空间的设计需要考虑人的情感，照顾人的生理和心理需求。办公空间设计景观化能为办公空间带来生机与活力，有助于提高人们的工作热情。

2. 人性化

随着社会的发展，人们开展工作时越来越注重个人心理感受，为员工带来舒适的办公环境已成为企业追求的目标之一。办公空间人性化就是以人为本，在满足人们功能性需求的同时，满足人们对审美、舒适、方便等方面的需求。人性化是办公空间设计的重要影响因素，也是未来办公空间设计发展的新趋势。

3. 智能化

智能化办公空间是现代社会、现代企业共同追求的目标，也是办公空间设计未来的发展方向。智能化办公空间应安装办公自动化系统、通信自动化系统、消防自动化系统、安保自动化系统和楼宇自动控制系统等。

四、办公空间设计的方法

1. 了解客户审美倾向

办公空间设计最终目的是为客户服务，虽然只按客户的审美来设计未必效果好，但如果最终设计方案不被客户认同，前期的设计工作就功亏一篑了。因此，在进行办公空间设计之前，务必要了解客户的审美倾向，同时设计师也应发挥自身专业优势，通过合适的语言和方法，将自己的设计意图传递给客户。

设计师要事先询问客户喜欢的办公空间设计风格，以定下设计的方向，比如欧式风格、中式风格、日式风格、现代风格、古典风格等。然后设计师需要思考此种设计风格是否适合客户以及客户的真实需要。如果适合，设计师可就进一步的设计细节跟客户沟通。如互联网企业的办公空间设计，客户强调要采用现代风格，设计师便可提出以金属材料、原木或玻璃为主材料的初步设计构思，并与客户进行交流。得到客户认同后，设计师可就具体的做法再与客户沟通，如已确定以不锈钢和玻璃为主材料时，最好继续落实不锈钢是用镜面的还是用砂光的，玻璃是用全透明的还是半透明的等细节问题。

一般来说，沟通得越具体，设计时走的弯路就越少。对有经验和有能力的设计师来说，任何具体的要求，都不会影响自己的设计创意。

2. 概念设计

办公空间设计在概念设计阶段的一个重要工作就是进行概念的表达，实际上就是运用图形思维，对办公空间的环境、功能、材料、风格等进行综合分析，然后进行构思。办公空间设计构思阶段的概念设计草图以手绘的空间透视速写图和平面功能分区图为主。

设计构思时应尽可能从多方面入手，把各类设想迅速地落实在纸面上，这样才能从众多的图像对比中找出符合要求的构思。概念设计草图可以多做几个，然后对它们进行比较，概念设计草图的内容应包括空间分配、墙和入口的位置以及主要家具、构件的位置等。

概念设计是办公空间设计的重要环节。在这个环节中，设计概念内涵的深化、反映设计概念符号的提炼是关键工作，应该着重把握。办公空间设计概念的确立和实现与设计师的认知水平和综合素质有关。

3. 空间组合设计

从空间的性质来看，办公空间包括物理空间和心理空间。通过视觉传达，物理空间与心理空间皆可引发人对空间的思考。物理空间是指物质实体围合而成的空间；心理空间不是物理上真实存在的空间，而是人们对空间的心理感受，也就是我们常说的虚拟空间。实体空间可以把空间范围限定得非常明确，心理空间的范围不明确，其被限定的程度也很低，它的大小取决于人的联想。

空间组合设计是办公空间设计的一项重要内容，也是办公空间创造的基础。办公空间组合设计的艺术感染力贯穿于人们移动的过程中。从功能角度来看，空间与空间之间并不是彼此孤立的，而是互相联系的。

4. 设计图样的绘制

当概念设计方案趋于完善并得到客户的认同后，就可以进行设计图样的绘制了。按照设计公司的绘制规范，设计图样一般由专门的绘图员完成，设计师给予配合与支持即可。客户可以对阶段性设计成果提出修改意见，然后设计师根据客户的意见调整、完善设计图样。图 3–1–10 所示为某企业办公空间平面布局设计图样。

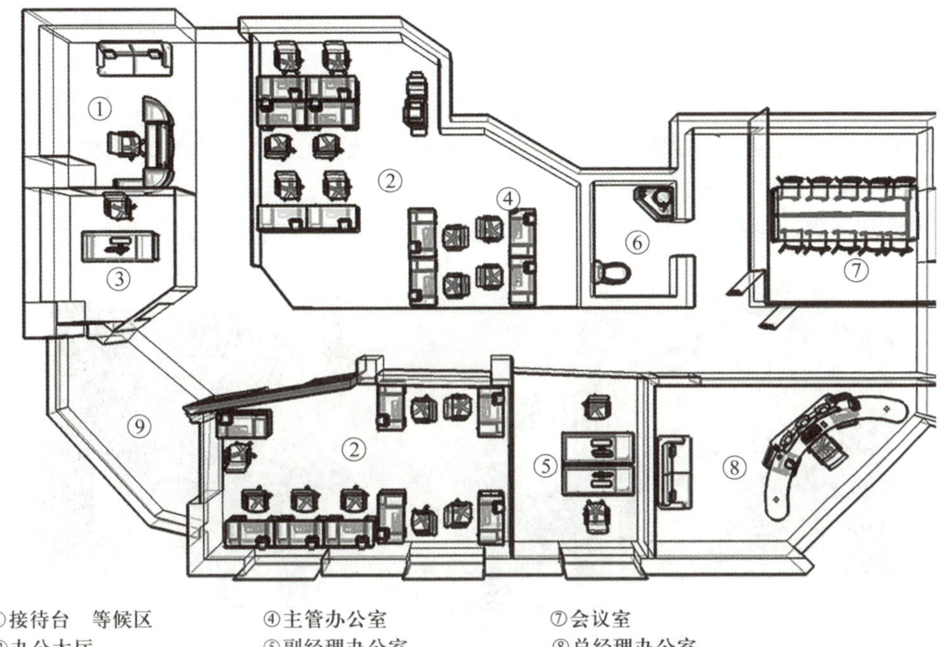

①接待台　等候区
②办公大厅
③财务室
④主管办公室
⑤副经理办公室
⑥卫生间
⑦会议室
⑧总经理办公室
⑨阳台

图 3-1-10　某企业办公空间平面布局设计图样

第二节　门厅设计

一、门厅设计的要求

门厅也称入口大厅，是整个办公空间的出入口，也是企业给他人留下第一印象的地方。它的设计、布局以及所体现出的独特氛围，将直接影响公司的形象及其本身的功能。同时，门厅起着组织交通流线，使人们有序流动的作用，是整个办公空间的交通枢纽。因此，组织好办公人员、外来人员、内部管理人员的交通流线是门厅空间设计的基本要求。门厅设计时主要应考虑以下几点。

1. 导向性

导向性是指门厅通过各种视觉传达的方法引导、疏导人流。例如，可利用绿化或者地面设计来引导人流，如图 3-2-1 所示。

图 3-2-1　利用地面设计引导人流

2. 艺术性

艺术性主要涉及门厅空间的比例、大小、形式、色彩、装饰材料、围合方式及内外空间环境的渗透关系等。图 3-2-2 所示为门厅的艺术性设计。

通常，门厅设计在空间的形式、色彩的运用和装饰材料的选择上应与办公空间的功能性质相契合，以让人感到舒适。同时，门厅是整个办公空间的交通枢纽，其界面的装饰材料应具有耐磨性，灯具风格应与门厅整体风格一致。另外，还可以根据门厅空间的大小摆放一些公共艺术品、绿植和设计水景，以丰富空间，活跃室内气氛。

图 3-2-2　门厅的艺术性设计

二、门厅设计的方法

办公空间的门厅通常由接待台、来访人员休息区和企业样品展示区等功能空间构成。

1. 接待台

企业一般都会在门厅最显眼处设置接待台，接待台不仅能接待来访客人，还能体现公司的形象。要根据企业从事行业的特点、企业产品的定位、企业文化特色等进行接待台设计。接待台后面常设有形象墙，其上面设计有企业的名称和标志。形象墙设计应简洁、明快，以良好的形象、材质和色彩给人留下深刻的印象，如图 3-2-3 所示。

图 3-2-3　形象墙设计

2. 来访人员休息区

来访人员休息区是来访人员休息的场所，往往由一组沙发或座椅巧妙围合而成。它的平面布局及大小可依据企业的规模和门厅空间的大小来确定，在形式上要新颖大方，同时要能表现出企业的文化内涵，如图 3–2–4 所示。

图 3–2–4　来访人员休息区设计

3. 企业样品展示区

企业样品展示区作为企业最直观的形象及产品宣传平台，要能给客户和来访客人留下深刻印象，如图 3–2–5 所示。它的设计应注意以下几点：

（1）能突出企业个性和时代感。可以选用企业视觉设计标准色（Ⅵ色）来装饰整个展示区，并利用合理的主次色彩搭配及造型来打造展示区艺术化的视觉效果，以让人耳目一新，给人以强烈的视觉冲击。

（2）主题明确。一般可将新产品、最重要的产品或者企业最看重的产品，通过优化产品位置布局、打造灯光效果、运用多媒体技术等手段重点展示。

图 3–2–5　企业样品展示区设计

（3）注重安全性。展示区设计要考虑制作工艺的可行性，要运用成熟技术和工艺装饰展示区，以确保展示区安全可靠、稳定。

（4）设计要“以人为本”，布局要合理，动线要流畅。

三、门厅设计案例

1. 项目概况

（1）项目名称：广州移动某分公司门厅设计。

（2）设计要求：现代、简洁，体现企业文化。

2. 门厅空间的平面设计

本案例中门厅面积相对较小，为了达到最高使用效率，门厅的功能布局要更加简洁明了，设计师在设计时将接待台设置在楼梯旁的转角处，而来访人员休息区则设置在电梯和楼梯之间，这样就很好地利用了门厅空间。图 3–2–6 所示为门厅平面布置图。

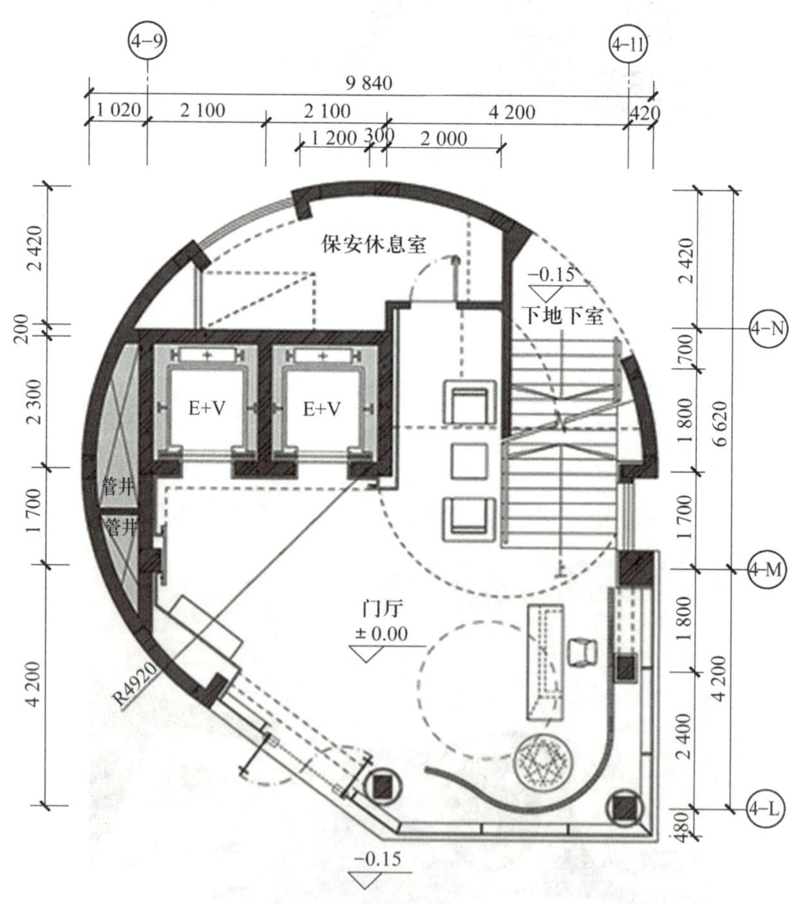

图 3–2–6　门厅平面布置图

3. 门厅空间的立面设计

门厅空间立面设计的重点是接待台设计，它的造型、色彩应该与企业文化和企

业标准色相契合。其他墙面不适合做过多的装饰，做留白处理或做简单的饰面处理即可。本案例设计的为移动公司的接待台，所以在设计时要重点突出企业的名称和标志。图 3-2-7 所示为接待台立面设计图。

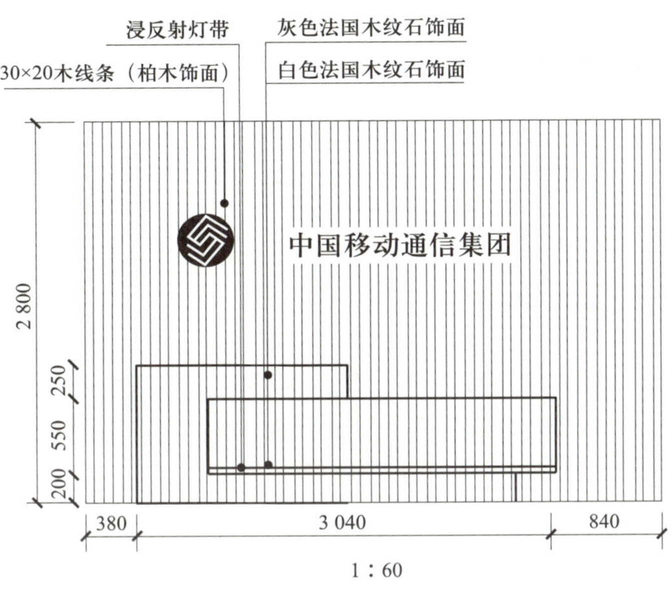

图 3-2-7　接待台立面设计图

4. 门厅效果图

门厅是整个办公空间的交通枢纽。本项目在设计时，地面采用耐磨的大理石材料，墙面统一采用白色的乳胶漆，这种设计让整个门厅空间看起来整洁、明亮。前台的形象墙主要用条形的木方格饰面，这种设计让它成为人们视觉上的焦点，如图 3-2-8 所示。来访客人休息区设置在楼梯的一侧，局部摆放一些盆栽，给人以清新、舒适的感觉。

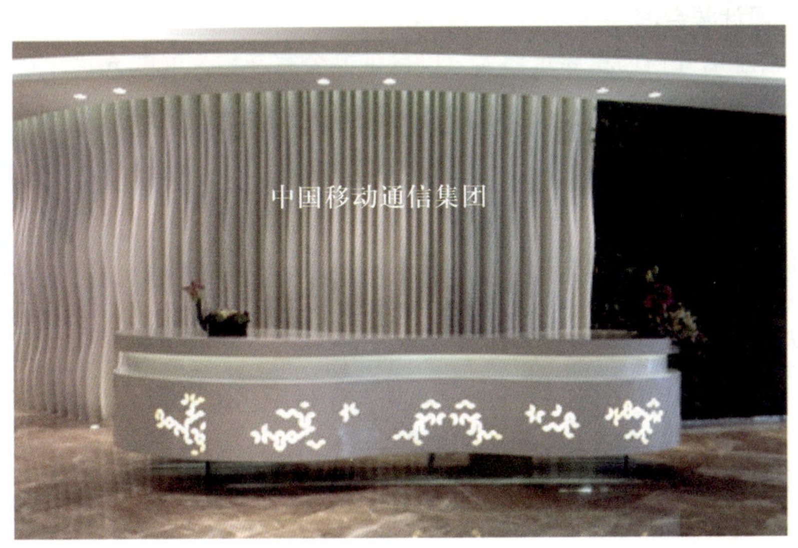

图 3-2-8　前台形象墙

第三节 员工办公室设计

一、员工办公室设计的要求

员工办公室设计的原则是“以人为本，科学性与艺术性相结合”，为员工创造一个舒适、方便、卫生、安全、高效的工作环境，以最大限度地提高员工的工作效率，并建立一种人与人、人与工作之间的和谐氛围。

员工办公室设计应该注意以下几点要求。

1. 平面功能分区要合理

员工办公室设计时，要先对办公室进行平面功能分区，划分出办公区域、走道区域、休息区域等，不同区域可以通过地面铺装不同来加以区分。要以流线简单通畅、办公区域独立完整、光线充足作为平面功能分区标准，把采光最好的区域作为办公区域，走道区域可以布置在靠墙区域或北向区域。

2. 地面要多铺地毯

如今的白领女性都喜欢穿高跟鞋，鞋跟很高很尖，走起路来发出的声音很大，这种声音对于办公室的其他员工来说是一种噪声污染。因此，办公室的地面要多铺地毯，虽然地毯的造价比地砖的要高，但是它对打造一个安静舒适的办公环境非常重要。

3. 天花设计要处理好梁柱、管道

办公室的天花设计也很重要，一般情况下天花都要做吊顶处理，把梁柱、管道包起来，注意做吊顶的时候喷淋口一定要露出来，这样在发生火灾时它才能起到灭火作用。有的办公室设计追求结构美，故意把梁柱、管道暴露出来，并涂上新色彩的涂料，赋予其新的形象，以体现个性。

4. 照明设计要合理

员工办公室的开窗面积要足够大，以保证办公室在白天光线充足。在天气不好和日落后，办公室照明需要依靠人工照明。因此，办公室要有合理的照明设计，以保证员工在光线充足、明亮的环境下工作。

5. 风格应以简洁明快为主

办公室的整体风格要以简洁明快为主，其四周墙壁的颜色不能过暗。同时办公家具的选择也要依据墙壁、地面的色彩来整体考虑，一般可选择白色或木色的家具。

二、员工办公室设计的方法

员工办公室通常由办公区（见图 3–3–1）和休息区（见图 3–3–2）等区域组成。在设计时主要应注意以下几个方面的问题。

1. 平面布置

员工办公室设计时应充分考虑家具及设备的尺寸、员工使用家具及设备时必需的活动空间以及流线、过道的安排。图 3–3–3 所示为某员工办公室的平面布置图。

图 3-3-1 员工办公室办公区

图 3-3-2 员工办公室休息区

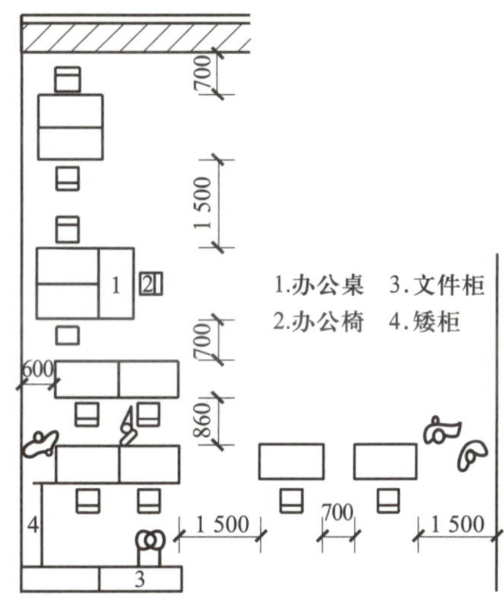

图 3-3-3 某员工办公室的平面布置图

2. 设计风格

员工办公室的风格应根据企业的性质和企业的文化来决定。一个具有特色的员工办公室设计，必须将建筑物原有的特征、企业的文化与办公室设计风格紧密结合起来，通过对空间造型、灯光、色彩、装饰材料进行设计与选用，打造出现代化的办公室。

3. 界面设计

员工办公室的界面处理应简洁，着重营造空间的安静气氛，并要考虑到各种管线的布置、维护、更换等需求。另外，可根据办公团体的规模合理选择隔断屏风。

4. 色彩设计

员工办公室的色彩设计一般宜淡雅，各界面的装饰材料应便于清洁并能满足一些特殊的使用要求。

5. 照明设计

员工办公室的特点有：相对面积一般较大，人员较多，结构变化较大，空间进深较大，阳光能照到的地方相对较少。在照明设计时，需重点改善办公室的照明，可以采用人工照明和混合照明的方式来满足办公室的照明需求，照度一般不低于 100 lx。不同的办公空间有不同的照明要求，通常好的办公空间照明设计既有大面积均匀柔和的背景照明，又有局部点状的辅助照明。

6. 装饰材料

装饰材料是室内空间发挥艺术表现力的载体，装饰材料会影响办公空间的使用功能、表现形式、装饰效果和耐久性等。因此，在办公空间装饰材料选择上，要充分考虑办公空间的使用功能和人们对审美的要求，以营造良好的办公氛围。

三、员工办公室设计案例

1. 员工办公室的平面设计

为员工创造一个舒适、方便、卫生、安全、高效的工作环境，有利于提高员工的工作效率。本案例为小型员工办公室设计，该办公室空间构成相对复杂，员工对办公空间的私密性要求较高，办公空间大多为封闭式的。图 3–3–4 所示为该小型员工办公室的平面图。

2. 员工办公室的立面设计

如图 3–3–5 所示，该办公室的隔断都采用玻璃隔断，给人时尚、大气的感觉，隔断内置的百叶窗开启时室内通透明亮，有利于人们沟通交流，闭合时可营造出私密的空间。

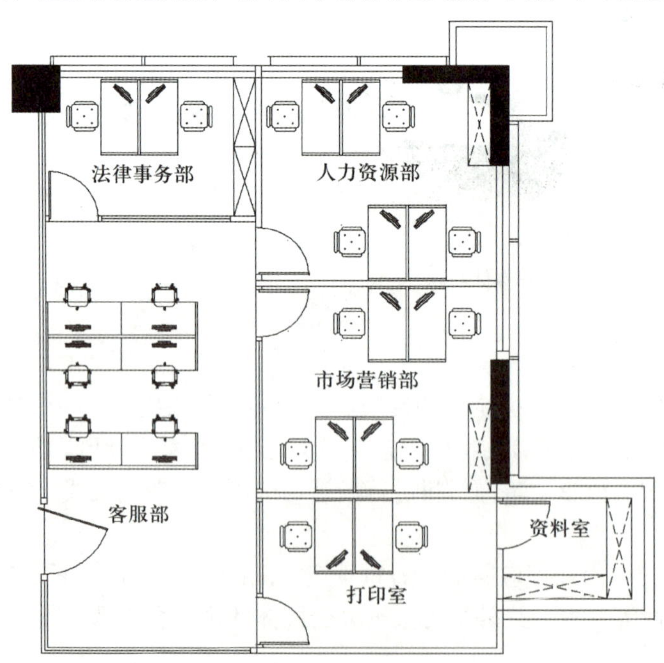

图 3–3–4　员工办公室的平面图

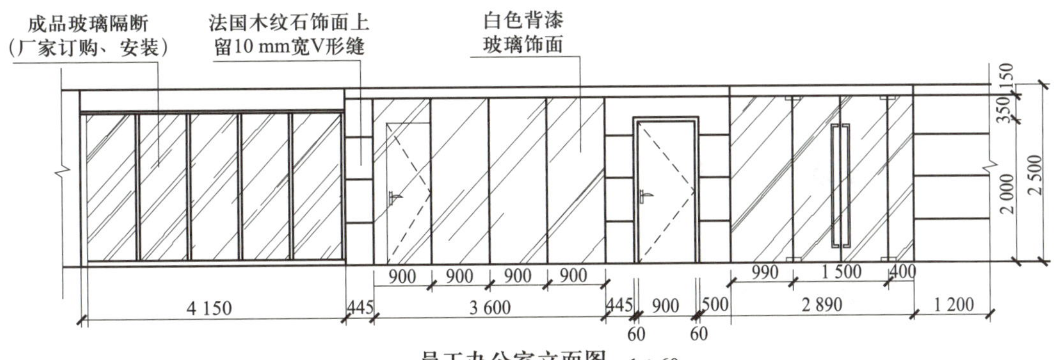

图 3-3-5　员工办公室的立面图

3. 员工办公室设计效果图

某设计公司为该小型员工办公室制定了两个室内设计方案，这两个设计方案的设计效果图如图 3-3-6 所示。这两个设计方案都采用了开敞式办公空间设计，照明设计

a）

b）

图 3-3-6　员工办公室设计效果图

a）方案一　b）方案二

合理，家具及设备的活动尺度能满足员工的审美需求及办公需求，这两个设计方案都给人时尚、大气的感觉。

第四节 会议室设计

一、会议室设计的基本原理

会议室是现代办公空间中不可缺少的组成部分，从某种意义上讲，会议室是企业形象与实力的集中体现。对于企业内部而言，它是企业员工工作汇报、展示及交流的场所。会议室设计的基本原则是“从功能出发，满足人们在视觉、听觉方面的需求及对舒适度的要求”。

1. 色彩设计

色彩是影响会议室设计效果的重要因素。会议室设计一般忌用白色、黑色类的色调，这两种色调容易产生“反光”及“夺光”的不良效果。会议室四周墙壁、桌椅的色调为浅色色调较为适宜，如四周墙壁采用米黄色壁纸装饰，桌椅采用浅咖啡色的等，朝南的会议室色调宜为冷色调，朝北的会议室色调宜为暖色调。

2. 声学设计

为保证会议室的隔声效果，会议室内应铺地毯，天花板、四周墙壁上都应铺设隔音毯，窗户上应安装双层玻璃。图 3-4-1 所示为某剧场式会议室的设计效果图。

从观看效果来看，显示屏通常放置在相对于与会者中心的位置，人与显示屏的最近距离大约为显示屏高度的 6 倍。小型会议室只需采用 29 英寸至 34 英寸的显示屏即可；大型会议室应选用投影电视机，显示屏尺寸一般在 60 英寸至 100 英寸之间。

图 3-4-1 某剧场式会议室的设计效果图

3. 照明设计

会议室照明能满足使用要求是会议室设计的基本要求。召开会议的时间是随机的，但上午、下午的自然光源照度与色温不稳定，因此，会议室设计应避免采用自然光源，要采用人工光源，所有窗户都应搭配深色窗帘。

在设计人工光源时，应选择冷光源，如三基色灯等；应避免使用热光源，如照度较高的碘钨灯等。会议室的灯光照度，对于摄像区，人的脸部灯光照度应为 500 lx，同时为防止人的脸部光照不均匀（眼部、鼻子和颌下阴影），三基色灯应放置在适当的位置；对于显示屏及投影电视机区域，灯光照度不能高于 80 lx，否则将影响观看效果。

4. 供电系统

为了保证会议室供电安全可靠，应采用三套供电系统：第一套供电系统为会议室照明供电；第二套供电系统为整个终端设备、控制室设备供电，采用不中断电源系统（UPS）；第三套供电系统为空调设备供电。

接地是供电系统设计中比较重要的部分。控制室或机房、会议室所需的地线，宜安装在控制室或机房的接地汇流排上。如果单独设置接地体，接地电阻不应大于 4 Ω；单独设置接地体有困难时，也可与其他接地系统合用接地体，此时接地电阻不应大于 0.3 Ω。

二、会议室的分类

1. 按空间大小

按空间大小，可以把会议室分为小型会议室和大中型会议室。

（1）小型会议室。一般可容纳十几人，因其空间较小，座位布置方式多为 V 形式或长桌式，如图 3-4-2 所示。

（2）大中型会议室。一般可容纳十几人至几百人，这类会议室座位布局流线清晰，有利于快速聚集与疏散参会人员。在空间形态上，这类会议室主次分明，重点突出。图 3-4-3 所示为大中型会议室。

2. 按空间类型

按空间类型，可以把会议室分为封闭型会议室和非封闭型会议室。

图 3-4-2　小型会议室

图 3-4-3　大中型会议室

（1）封闭型会议室。在封闭型会议室中，组成会议室的各个界面围合在一起，使会议室与其他空间隔开。这类会议室具有较好的领域感、安全感和私密性，如图 3-4-4 所示。

（2）非封闭型会议室。这类会议室的各个界面没有完全围合起来，会议室与其他空间有一定的连接。这类会议室可根据办公空间的条件自由布置，有极大的灵活性，如图 3-4-5 所示。

图 3-4-4　封闭型会议室

图 3-4-5　非封闭型会议室

三、会议室设计的方法

1. 平面布置

简洁、实用、美观是会议室平面布置的原则。会议室平面布置的中心是会议桌，会议桌的形状有方形、圆形、矩形、半圆形、三角形、梯形、菱形、六角形、八角形、L 形、U 形和 S 形等。图 3-4-6 所示为采用不同形状会议桌的会议室平面布置的方式。

2. 空间及界面设计

在会议室的空间中，占中心地位的是由会议桌和会议椅组成的会议空间。会议室家具的款式和造型往往决定了会议室空间的基本风格，会议室的界面设计应围绕这个中心展开。会议室顶面的主要作用是安装照明设备和通过造型来形成虚拟空间，增加会议室的向心力。地面一般作为一个完整界面来设计，如有需要也可通过采用不同装饰材料或利用不同标志来划分区域。

3. 灯光设计

会议室的灯光具有双重功能：一是能提供会议室所需要的照明；二是可利用灯光打造光影，以丰富会议室空间的层次。在会议室设计时，灯光的设计形式可以是多样化的，但应注意以下几点：

（1）要避免灯光直射到物体或会议桌上，以免人们感到光线刺眼。图 3-4-7 所示为理想的灯光照射方式。

（2）光线较弱时可采用辅助灯光，但要避免灯光直射。

（3）使用辅助灯光时，建议使用日光型光源，禁止使用彩灯，避免使用频闪光源。

（4）建议使用间接光源。

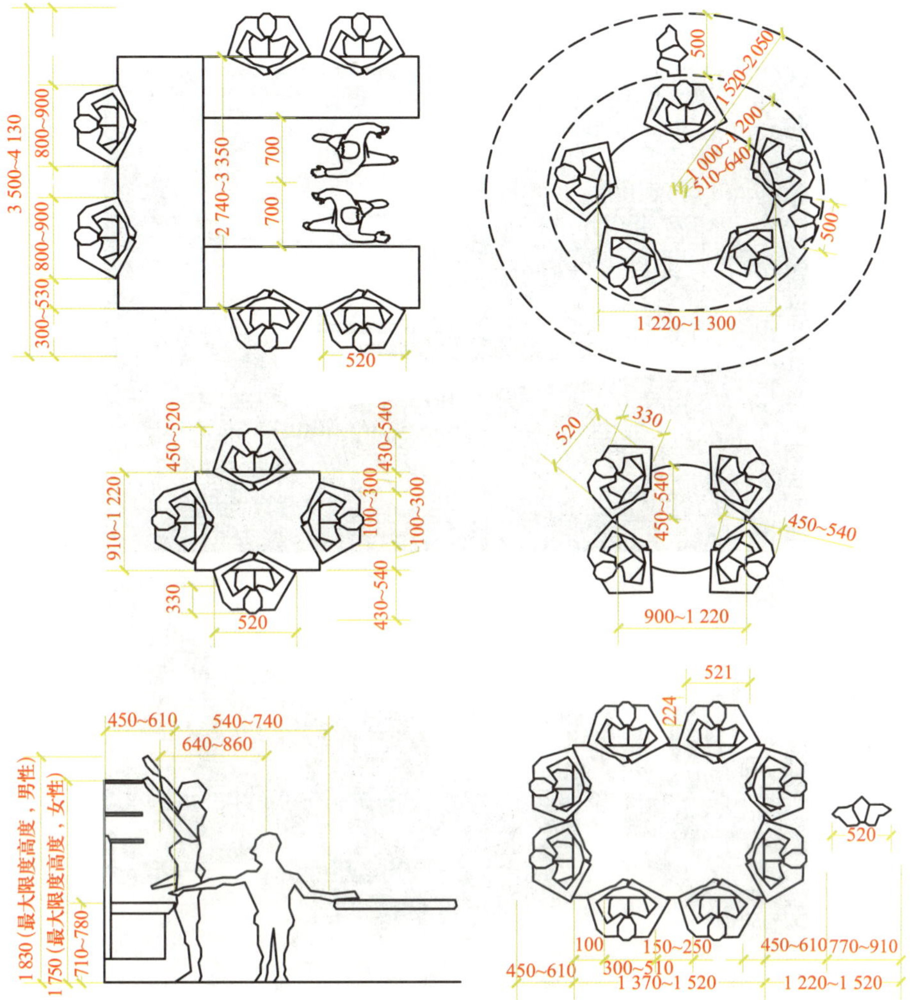

图 3-4-6　采用不同形状会议桌的会议室平面布置的方式

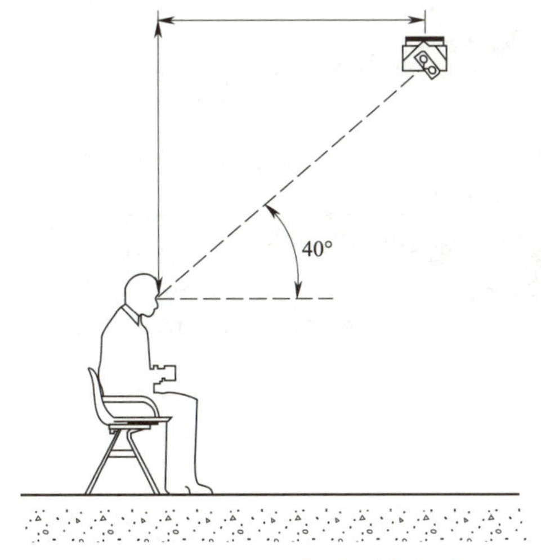

图 3-4-7　理想的灯光照射方式

4. 色彩设计（见图 3-4-8）

图 3-4-8 色彩设计

会议室色彩应有主调，可以为冷色调或暖色调。主色调必须能反映会议室空间的主题，即运用色彩打造出会议室的氛围。会议室主色调确定以后，应考虑色彩的实施部位及各类色彩的比例分配，各类色彩在整体上要统一协调。

四、会议室设计案例

会议室设计是办公空间设计的重中之重。根据使用功能不同，会议室可分为多媒体会议室、视频会议室、多功能会议室等。图 3–4–9 所示为四种不同的会议室设计。图 3–4–9a 所示的会议室，色彩搭配协调，主色调反映了会议室空间的主题，色彩的实施及其比例分配合理，在一个浅灰色色调的会议室内，深色的会议桌成了视觉的焦点。图 3–4–9b 所示的会议室，空间布局合理，设计简洁、实用、美观，该会议室的视觉中心是会议桌，其形状为长方形，会议椅与之搭配合理，打造出严肃、安静的氛围。图 3–4–9c 所示的会议室，空间的基本风格由会议桌和会议椅的款式和造型决定，界面设计以会议桌和会议椅为中心开展，地面采用地毯铺设，与整个会议室空间风格一致。图 3–4–9d 所示的会议室，灯光设计不但能提供照明，还能带来光影效果，对会议室空间进行了二次开发，通过布置绿色植物和装饰画，丰满了会议室空间的装饰效果。

a)

b)

c)

d)

图 3-4-9　会议室设计案例

第五节　综合实训

一、实训题目

为某广告公司进行办公空间设计，办公空间平面图如图 3-5-1 所示。

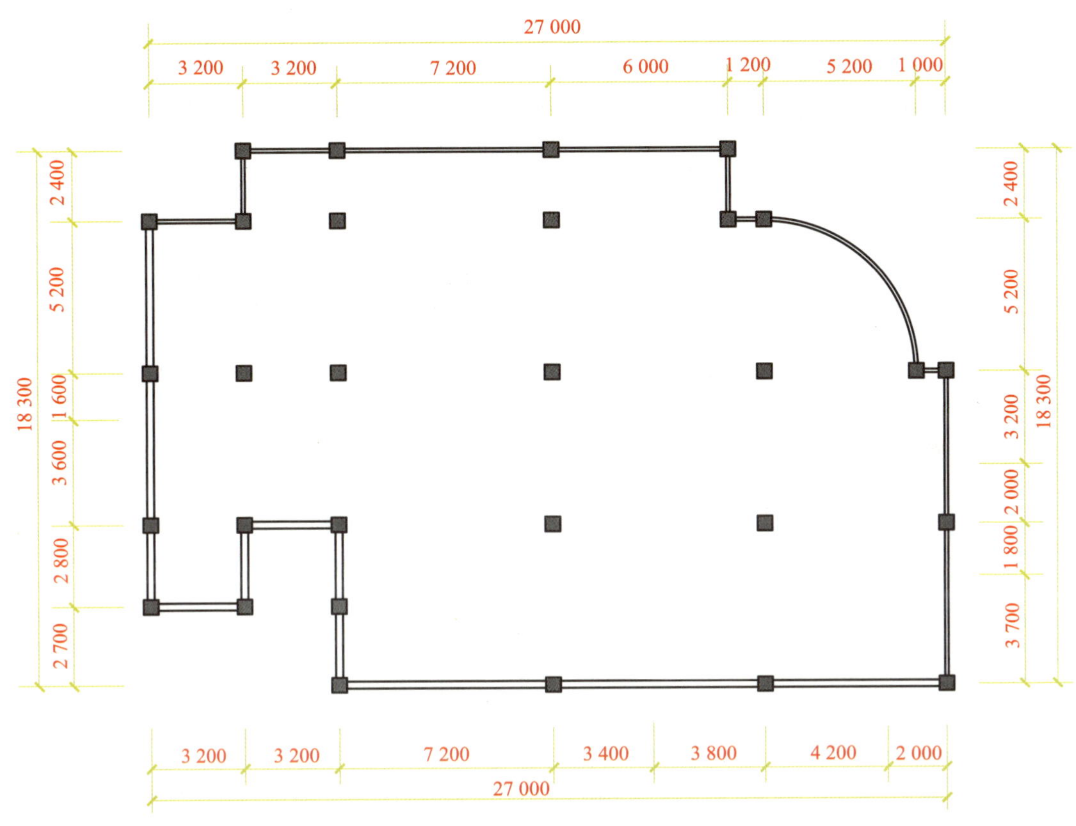

图 3-5-1 办公空间平面图

二、背景信息

1. 该广告公司为一家平面广告设计公司，员工人数在 60 人左右。

2. 建筑结构为框架结构，办公空间建筑面积为 570 m^2，层高为 3.6 m，办公空间内需要有前台、员工办公区、员工休息区、会议室、领导办公室、洽谈区、咖啡吧等。

三、设计要求

1. 办公空间功能齐全，布局合理，人流动线明确，办公设备摆放符合人体工程学的要求。

2. 办公空间设计风格简洁、明快，办公环境符合“人性化、智能化”的要求。

1. 调查目前办公空间设计的市场需求并撰写调查报告。

2. 通过网上浏览，选择一个门厅平面图，根据门厅平面图制定门厅设计方案。

3. 通过网上浏览，选择一个办公室平面图，根据办公室平面图制定办公室设计方案。

4. 通过网上浏览，选择一个会议室平面图，根据会议室平面图制定会议室设计方案。

第四章 酒店空间设计

学习目标

1. 能叙述我国酒店空间设计的现状与发展趋势。
2. 能掌握酒店各功能空间设计的方法。
3. 熟悉酒店空间设计的先进理念。
4. 能尝试进行酒店局部空间设计。

第一节 酒店空间设计概述

一、酒店空间的构成与分类

酒店的种类有很多，从最简单的小客栈到庞大的星级宾馆，再到带全套娱乐设施的度假村，它们都属于酒店。酒店空间最基本的功能是满足客人寻求舒适、娱乐和休息的需要。客人也分为不同的类型，有度假的客人，也有正在出差的客人等。酒店空间实际上相当于客人的第二个家。

1. 酒店空间的构成

酒店空间主要由公用空间、私用空间、过渡空间和附属空间构成。

（1）公用空间是客人、服务人员聚散、活动的区域，包括门厅、中庭、休息厅、酒吧、茶座、接待厅、餐厅、美容美发中心等。

（2）私用空间是指客人单独使用的空间，如客房、各种服务用房等。

（3）过渡空间是指连接公用空间与私用空间的走廊、庭院、楼梯等。

（4）附属空间是指提供后勤保障的各种用房，如车库、洗衣房、配电房、工作人员宿舍和食堂等。

在酒店空间设计时，应合理组织空间，根据空间的特性选择设计风格、装饰材料及施工方法。

2. 酒店的星级分类

在全球化的影响下，我国的酒店设计呈现出多样化的发展趋势。酒店的等级可按旅游饭店的等级划分标准进行划分。为规范各类酒店营业行为，保障消费者权益，有关部门制定了国家标准《旅游饭店星级的划分与评定》（GB/T 14308—2010）。各星级饭店的标准如下：

（1）一星级饭店。建筑结构良好，内外装修采用普通装修材料，有一定面积的前厅，至少有 15 间客房可供出租，客房内有卫生间或应提供方便宾客使用的公共卫生间，有清洁舒适的床和配套家具。

（2）二星级饭店。有与饭店规模相适应的总服务台，至少有 20 间客房可供出租；有就餐区域，提供桌椅等配套设施；客房内有清洁舒适的床以及桌、椅、床头柜等配套家具，至少 50% 的客房内有卫生间，或每一楼层提供数量充足、男女分设、方便使用的公共盥洗间。客房有适当装修，照明充足，有遮光较好的窗帘。

（3）三星级饭店。有至少 30 间可供出租的客房，有单人间、套房等不同规格的房间配置；有与接待规模相适应的前厅和总服务台；客房内满铺地毯、木地板或其他较高档材料；有软垫床、梳妆台或写字台、衣橱及衣架、座椅或简易沙发、床头柜及行李架等配套家具；客房内有卫生间，并配有抽水马桶、梳妆台（配备面盆、梳妆镜和必要的盥洗用品）、浴缸或淋浴间；采用较高级建筑材料装饰地面、墙面和天花，色调柔和。

（4）四星级饭店。有至少 40 间客房可供出租；前厅中总服务台位置设置合理，专设行李寄存处，在非经营区设宾客休息场所；70% 的客房面积不小于 20 m^2（不包含卫生间）；有标准间（大床房、双床房），有两种以上规格的套房（包括至少 3 个开间的豪华套房）；客房有舒适的软垫床，配有写字台、衣橱及衣架、茶几、座椅或沙发、床头柜、全身镜、行李架等家具。

（5）五星级饭店。有至少 50 间客房可供出租；前厅中总服务台位置设置合理，专设行李寄存处，在非经营区设宾客休息场所；70% 的客房面积不小于 20 m^2（不包含卫生间和门廊）；有标准间（大床房、双床房）、残疾人客房，有两种以上规格的套房（包括至少 4 个开间的豪华套房）；客房内有舒适的床垫及配套用品，写字台、衣橱及衣架、茶几、座椅或沙发、床头柜、全身镜、行李架等家具配套齐全。

二、酒店空间设计的现状及发展趋势

中国是世界上最早出现旅馆的国家之一。图 4-1-1、图 4-1-2 所示分别是 1900 年建成的北京饭店和随后建于上海外滩的和平饭店，这两个饭店的建立是我国酒店行业发展的标志性事件。

1. 我国酒店空间设计的现状

（1）大批酒店空间设计千篇一律，缺乏特色和创意。我国各大城市的众多星级酒店，无论是在酒店规划、建筑设计、功能布局方面，还是在室内设计风格、设计手法、

装饰材料选用方面，甚至连客房的样式，都惊人的相似。究其原因，有的是建筑设计单位缺乏经验；有的是重视前台，轻后台；也有的是设计师不负责任地采取“拿来主义”。其实，每个酒店所处的城市、地区不同，当地人文环境及生态环境就不同，那么酒店市场定位也就不同，酒店应有独特的气质和特色。

（2）酒店空间设计重视墙面装饰，而灯具、家具、艺术陈设品的表现苍白无力。国内大多数中档酒店，从大堂到客房甚至消防通道一律采用大量石材装饰，满墙采用高档装饰材料，界面装饰极为奢华，但是家具、灯具和艺术陈设品质量却不高，艺术表现力较差。酒店不仅要满足人们对住宿、餐饮的需求，还要满足人们在会议、商务、娱乐、健身等诸多方面的需求；不仅要有不同的功能，还要能在精神层面上让人们感到舒适，要让客人在入驻酒店时享受到文化和艺术的熏陶。因此，酒店空间设计时，应依据酒店星级采用恰当精致的灯具、时尚的家具和丰富的艺术陈设品。

图 4-1-1　北京饭店

图 4-1-2　和平饭店

（3）酒店空间设计大多不重视客房设计。国内大多数酒店的客房，无论是功能、面积、户型、客房式样，还是家具的款式、布艺装饰品的式样、地毯的颜色，都惊人的相似。人们入住酒店后，在客房中度过的时间相当长，不同的客人有不同的需求，客房的设计要满足人们多样化的需求。

（4）我国酒店空间设计师逐渐成长起来。以前，我国档次较高的酒店的空间设计项目常由国外知名设计公司承接。如今，我国本土设计师开始逐渐成熟起来，一些年轻的设计师有着先进的设计思想、方法和技术，为我国酒店空间设计做出了自己的贡献，他们运用创新理念，通过不断探索，创作出主题新颖、文化内涵丰富、风格独特、带有明显地域特点和东方文化内涵的优秀酒店空间设计作品。尤其在近些年，一些有思想的设计师开始深入研究我国文化，探索将我国文化融入酒店空间设计，如广东白天鹅宾馆（见图 4–1–3）、广州长隆酒店（见图 4–1–4）的酒店空间设计等。

2. 我国酒店空间设计的发展趋势

（1）从单一的商务酒店向会议酒店、公寓酒店、主题酒店和休闲度假酒店发展。随着我国综合国力的增强，在今后的数十年中，会议酒店、主题酒店，尤其是休闲度假酒店将迎来发展的良机，这些酒店无论在选地规划方面还是在功能布局方面均与商务酒店不同。休闲度假酒店不仅要配置健身、休闲娱乐活动等设施，还要能提供丰富的餐饮服务及经营各种旅游项目，酒店所处的地理位置应有鲜明的特色，酒店应有丰富的文化内涵。会议酒店既要配置会议中心，还要配有各种不同规模的会议室，同时，还要能根据会议中心接待的人数，提供餐饮服务和其他配套设施。

图 4–1–3　广东白天鹅宾馆

图 4-1-4 广州长隆酒店

（2）环保、绿色、可持续的具有民族和地域特色的设计，是我国酒店空间设计未来发展的方向。酒店空间设计应在风格多样、百花争艳的同时有我国民族文化特色，以使酒店有独特的文化个性和形象。因此，设计师要研究酒店所在地的文化，包括地域文化、民族文化、历史文化等，在最初方案设计中准确、合理地做好酒店的文化定位，使酒店空间设计具有深厚的文化底蕴和无穷的魅力，从而带给客人生理上、心理上、心灵上的享受。同时，酒店空间设计应高举环保、绿色和可持续发展的大旗，这也是室内设计未来发展的趋势。

（3）在注重本土文化的同时，风格日趋现代化、简约化和时尚化。建筑设计与室内设计发展到今天，有太多的风格出现，世界酒店空间设计的潮流经过剧烈的震荡后，再次迎来了新的平衡。如今，设计师去繁从简，喜欢以现代的手法打造复杂精巧的结构，在简约、明快、干净的空间里布置精美绝伦的家具、灯具和艺术陈设品。

经过数十年的发展，我国酒店空间设计已开始走向成熟化和理性化。如今，人们在酒店规划时，也开始将酒店的功能、文化、建筑环境与酒店的经营目标相结合，以形成酒店的经营特色和竞争优势。

第二节 大堂设计

大堂是与前厅相连的公用空间，有些酒店没有前厅，大堂和前厅合二为一。大堂的面积与酒店的规模有关，其公共部分（不包括经营区域）的面积可按以下方式计算：客房数量 ×（0.4 ~ 0.8）m^2。大堂可以贯通二层或更多的楼层，如果只有一层，其高度不可过低。

一、大堂设计的要求

1. 要动静分区

一般做法是将公共活动区域集中在大堂中央区域，把相对私密的区域设置在大堂四周。大堂中央区域要有利于人、物（主要是客人的行李）集散，因此，要有足够大的面积，影响人、物集散的构建、部件和景物要少。相对私密的区域如接待区和休闲区要确保不受到过往人流、物流的干扰，以便客人能够有条不紊地办理各种手续，悠闲地静坐、休息、观景、听琴或欣赏酒店的装饰。图 4–2–1 所示为某酒店的大堂。

2. 要有明确的动线设计

客人进入酒店的基本程序是短暂休息、安排行李、进行登记、进入电梯、走向客房，离开酒店的基本程序与进入酒店的相反，因此，明确的动线设计有利于客人快速走完各种程序。

3. 要有符合酒店形象的界面装饰

酒店大堂是酒店的窗口，是客人出入酒店的必经之地，大堂环境和气氛的好坏直接影响整个酒店的形象，故多数酒店都将大堂作为装饰的重点。

图 4-2-1　某酒店的大堂

大堂的地面多用磨光花岗石和大理石铺装（见图 4-2-2），由于大堂空间开阔，家具较少，故地面常做拼花处理。大堂的地面也可满铺地毯或使用优质木材铺装，如核桃木、柚木、水曲柳等。大堂地面满铺地毯显得华丽美观，但不易维护清洗；使用木材铺装，脚感舒适，但耐磨性较差。

图 4-2-2　大堂的地面

大堂墙面多用石材、瓷砖和木材装饰，偶尔也用玻璃、不锈钢、钢条、铁艺等做点缀。花岗岩和大理石墙面，有豪华感，但氛围过于冰冷。大堂墙面多用大型壁画、浮雕或挂毯装饰，它们不但可以装饰墙面，还可以体现大堂的特色。

大堂天花多有起伏，有的天花上还有井格、彩画或石膏花。大堂吊顶材料多为木夹板，在木夹板上视需要可贴壁纸或粉刷涂料。大堂特别是贯通几层的大堂天花的中央多安装豪华的吊灯，其周围多配有体量不大的筒灯或吸顶灯。

4. 要有特色鲜明的陈设品

理论上酒店的特色要体现在各个方面，但最先要在大堂中体现，特别是在大堂的陈设品上体现，如图 4–2–3 所示。大堂陈设品一般要选用能够反映民族特色、地方特色、历史文化和不同主题的家具、工艺品、雕塑、花台、灯具、绿植、水景和石景，以让大堂成为好看、好玩、具有人气的场所。

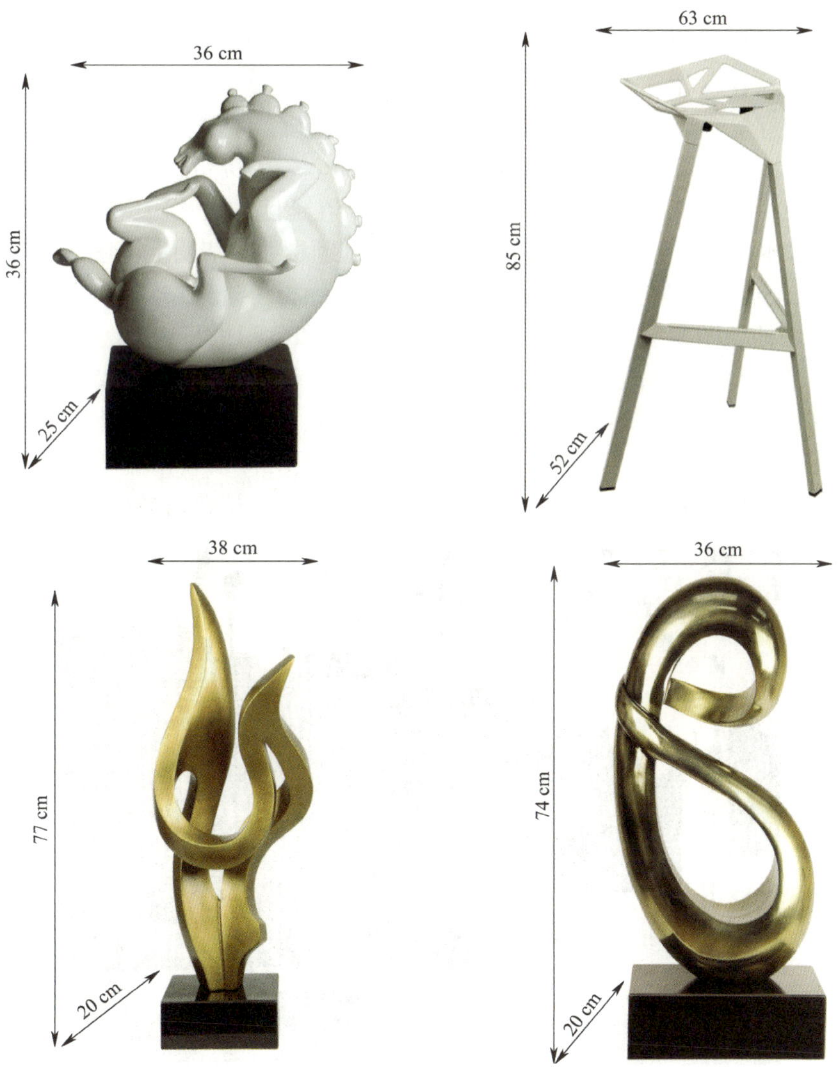

图 4–2–3　大堂的陈设品

二、大堂设计的方法

1. 总服务台

总服务台简称总台，是客人登记、结账、问询和寄存贵重物品的地方，应设在大堂中比较显眼的位置。总服务台有两种基本类型：一种是内低外高的双层服务台，内台高约为 0.8 m，外台高约为 1.15 m，其特点是客人可站着办手续，服务人员可以坐下办手续；另一种服务台高约为 0.8 m，宽约为 0.7 m，其特点是客人和服务人员都可以坐下办手续，因此，服务台的内外应同时设座椅。后一种服务台能够打造亲切、平等的气氛，也可使客人免于疲劳，现已越来越多见。服务台的台面多用大理石、花岗石及优质的木材制作，服务台的正面多用石材、木材、皮革、玻璃等材料制作，有的还配以灯具或灯槽。服务台的造型应大方、明朗而且有装饰性，服务台的长度可按以下方式计算：服务人员数量 ×1.5 m。

服务台的后面或附近应配置一部分办公用房和附属用房，包括财务室、值班休息室、贵重物品保管室等。

服务台的背景墙是大堂的视觉焦点，其上可用壁画、浮雕装饰，也可展示酒店的名称和标志。设计背景墙时要充分考虑题材、表现形式、色彩搭配、装饰材料以及灯光的效果。如果使用壁画或浮雕，其题材最好与酒店所在地区的人文历史以及酒店的功能性质相联系，如本地风光、历史事件等，也可以传统题材如“清明上河图”“帝王狩猎图”等作为壁画、浮雕的内容，但题材要与酒店的特色大体一致。在现代风格的酒店中，背景墙也可使用抽象图案装饰，或仅用不同装饰材料和色彩进行组合，它们虽无具体内容，却依然能为人们提供欣赏的价值。图 4–2–4 所示为某酒店服务台背景墙设计。

大堂的背景墙上最好不设置门，必须设置门时，应尽可能让门位于背景墙两端，以便把中间的墙面留出来。门要在色彩、材料等方面与背景墙相协调，可与背景墙使用相同的色彩和材料装饰，这样，当门关闭时，能有效保持背景墙的整体性。

图 4–2–4　某酒店服务台背景墙设计

许多酒店大堂中都挂有显示世界主要城市时间的钟表，它们可以挂在背景墙上，也可以挂在服务台上方的横梁上。

2. 值班经理台

值班经理台是酒店值班经理在大堂回答客人问题、处理突发事件的地方，应该位于显眼的位置，但又不能影响客人的进出及行李的搬运。值班经理台的基本家具是一台三椅，台前的两椅是供客人使用的。

3. 休息区

休息区是供入住酒店的客人临时休息和临时会客的地方，应靠近酒店入口，位于一个相对僻静的区域。可用隔断、栏杆、绿化等将休息区隔出来，也可以提高或降低地坪标高，使休息区具有更好的独立性。休息区的主要家具是沙发，沙发数量多少依酒店的规模而定。大部分酒店的休息区位于大堂的一角或者靠墙区域，也有一些休息区位于酒店大堂的中央，是由沙发、茶几、花槽等围成的一个相对独立的区域，这种休息区适用于面积较大的大堂，否则可能会影响人、物的集散。在有些酒店的大堂中，休息区座椅设置以柱子或花台为中心，由于使用者一律面向外面，难以相互交流，所以这种休息区一般作为集中式休息区的补充。休息区的周围应设置报刊架、宣传资料架及雨伞架等。图 4–2–5 所示是不同酒店大堂的休息区设计。休息区、总服务台、楼梯或电梯之间，最好有简洁通畅的线路，路线要避免过长，更要避免交叉。

4. 商务中心

商务中心是酒店大堂中一个独立的业务区域，常用玻璃隔断将其与公共活动区域间隔开。商务中心的任务是代售车票、船票、机票，协助传真、打印、复印，代办旅游业务，提供包车和出租计算机等服务，有些大一点的商务中心还提供商务洽谈的洽谈席。因此，商务中心应配有办公桌椅和与服务项目相适应的设备。商务中心的内部常用柜台划分成两部分，柜台内部为服务人员的座椅，外部为客人的座椅，柜台一般较低，高度同普通办公桌高度相近。

a)

b)

c)

d)

图 4-2-5　不同酒店大堂的休息区设计

商务中心可按一般办公空间设计，采用石材、瓷砖、木材装饰地面或在地面满铺地毯，采用夹板、石膏板、铝板吊顶，使用日光灯盘等。

5. 商店

酒店的商店是出售鲜花、日用品、食品、书刊和旅游纪念品的地方。商店规模不一样，其设置方法也不一样。

（1）小型商店。俗称小卖部，可以占用大堂的一角，用柜台围合出一个区域，内部设商品柜架。

（2）中型商店。可以专门开辟出一个区域，可在大堂之内，也可在大堂之外通过走廊、过厅与大堂相连，其内分区出售各类商品。

（3）大型商店。即大商场，不属于大堂，其中往往有很多小型商店，如鲜花店、书店、箱包店、服装店、土特产店等。这种商店设计同一般商场的商店设计相似，只是其档次须与酒店的等级相对应。

6. 咖啡厅

酒店的咖啡厅（或酒吧）是出售酒水、咖啡、饮料和小点心，供客人休息、消遣和会客的场所，有两种设置方式：一种是从属于大堂，是大堂的一部分，用花台、栏杆等将其与公共活动区域隔离开，或与大堂不在同一个标高上；另一种是完全独立的，即本身是一个独立的空间，通过门、走廊、过厅与大堂相连。采用第一种咖啡厅的设置方式，能够活跃大堂的气氛，便于组织“人看人”的景观；采用第二种咖啡厅的设置方式，咖啡厅相对安静，面积往往较大，更适用于组织交友、商务洽谈等活动。

咖啡厅的主要家具和设备分为三部分：第一部分是分散布置的桌椅，桌子可为圆桌也可为方桌，一般为 2 人桌、3 人桌和 4 人桌；椅子可为竹藤圈椅，也可为沙发椅，体量比一般餐椅大，目的是使客人感到舒适。第二部分是吧台，客人一般坐在吧台凳上饮酒，所以必须配置标准的吧台与吧凳。第三部分是准备间，实际上就是吧台与酒柜之间的空间。这里要有陈列酒水、饮料的柜架，清洗、消毒、加热的设备以及冰柜等。有些咖啡厅在准备间的附近会配置一个小型储藏室，以储存酒水、饮料、食品和杂物。图 4–2–6 所示为某 2 个酒店大堂的咖啡厅。

a)

b)

图 4–2–6　某 2 个酒店大堂的咖啡厅

有些咖啡厅中还会设置小舞台，供钢琴手或小乐队演奏，小舞台一般不高，可用绿植等将其与餐饮区隔离；也可将地面升高 150 ~ 300 mm，以突出小舞台。

除上述各组成部分外，大堂内还应设置男女洗手间。

三、大堂设计案例

1. 项目概况

（1）项目名称：成都丽思卡尔顿酒店大堂设计项目。

（2）竣工时间：2013 年 10 月。

（3）设计单位：CCD 香港郑中设计事务所、KCA 香港德坚设计事务所、HBA。

2. 项目设计

酒店地处成都市最大的金融中心区，毗邻成都市标志性广场——天府广场，周边高档购物中心林立。酒店位于富力中心 23 ~ 41 层，在酒店可一览城市迷人景观。酒店室内设计灵感源自成都传统老街院巷。

如图 4–2–7 所示，步入酒店大堂，时尚简约的设计让人眼前一亮。明亮通透的巨型落地窗，将成都市区景致尽收眼底；低调简约的大堂，细节中透露着浓厚的历史文

a)

b）

图 4-2-7 成都丽思卡尔顿酒店接待大堂和抵达大堂

化气息；大气稳重的青铜色主色调，诉说着古蜀文明的辉煌。大堂吊顶下的巨型水晶吊灯，让人恍若置身盛世；精心凿刻的木雕，喷印芙蓉的墙面，锦缎装饰的陈设品，灵感来自奔流不息岷江水的碧玉大理石地面，都渗透着别致的蓉城韵味。

第三节 客房设计

一、客房设计的基本原理

客房是酒店重要的组成部分，在多层及高层酒店中，若干个客房层的平面布局基本相同，这样的客房层称为标准层。客房层靠近电梯处需有一个楼层服务台，在这里，楼层服务人员可以观察到客人出入的情况，随时为客人提供服务，也可以方便地到达值班室、备品室，并按程序到客房完成清扫、整理等工作。

客房虽然不大，但也要进行分区，如将其分为睡眠区、休闲区、工作区等。按一般设计习惯，休闲区常靠近窗户，睡眠区常位于光线较暗的区域。有些酒店可能设 3 床或 4 床的单间客房，为使用方便，客房卫生间内最好设置两个台盘，并采用浴厕分开的设计。图 4-3-1 所示为某豪华酒店的卫生间设计。

如图 4-3-2 所示，客房的装饰应简洁明快，要避免装饰过于杂乱繁琐。地面可用地毯、木地板或瓷砖装饰，色彩要素雅。墙面可用乳胶漆或壁纸装饰，除少数要求较高的客房外，不必做墙裙，也不必做吊顶，如做吊顶，吊顶造型应简单。有些客房的墙面与天花的交角处设计有木角线或石膏角线，也有的客房天花的周围、中央设计有石膏花。

图 4–3–1　某豪华酒店的卫生间设计

图 4–3–2　简洁明快的客房装饰

选择客房的灯具时，宜结合使用吸顶灯、壁灯、台灯、立灯，并要能分别控制。客房层高偏低时，不宜使用过大的吊灯。客房的整体照明可采用窗帘盒内的日光灯，以达到空间整洁和光线柔和的目的。图 4–3–3 所示为某酒店客房的照明设计。

1. 简洁明快与“家庭氛围”

为了适应现代社会的节奏和便于经营管理，客房内的家具、陈设品应相对简洁，不要有过多复杂的线角和雕刻，有些桌子和床头柜可以做成悬挑件。过于简洁的客房可能会使客人感到冷清，无法体验到“宾至如归”的感觉，因此，必须在简洁明快和打造“家庭氛围”之间找到结合点，使酒店经营管理方面的需求和客人的心理需求同时得到满足。为了解决这一问题，应设法增加客房环境的亲和感，如使用色彩温暖的装饰材料，选挂一些有趣的挂画、摄影图片或壁饰，多用一些造型优美的插花、盆栽、台灯和立灯，在采用素雅的窗帘、床罩和地毯的同时，搭配一些色彩、图案相对活泼

的靠垫等。如图 4-3-4 所示，在客房设计中借用大面积的采光，采用暖色调的壁纸及织物，营造出了温暖、舒适的客房空间。

图 4-3-3　某酒店客房的照明设计

图 4-3-4　温暖、舒适的客房空间

2. 标准化与个性化

不同等级的客房有不同的配置，对此，各国都有明确的规定。但是，标准化的客房往往缺少个性，只顾及统一标准的客房设计很可能千篇一律，让客人产生"似曾相识"的感觉。因此，设计师一定要在遵守规定的前提下，努力创新，可在家具、色彩、装饰和题材上多下功夫，使客房设计充满个性。同为写字梳妆两用桌，但它们的款式、色彩和五金零件可不相同；同为壁饰，但它们的题材、表现形式可不同。例如，图 4-3-5 所示的华西村黄金酒店的总统套房，该总统套房在酒店的第 60 层，该客房设计让人感觉"金碧辉煌"，无论是房间里的门柱框架，还是室内的器具，都是用镀金工艺制作的；古色古香的床柜是用国内珍稀树材精工打造的；图 4-3-6 所示的广州南洋冠盛酒店的总统套房，该客房设计风格为巴洛克风格，用各色大理石、宝石、青铜、金等材料装饰，华丽壮观、富丽堂皇、气势宏大、富于动感。

图 4-3-5　华西村黄金酒店的总统套房

图 4-3-6　广州南洋冠盛酒店的总统套房

二、客房设计的方法

1. 单人间

单人间也叫单人客房，其中主要家具和设施包括一张单人床、一个床头柜、一张多用桌、一个箱包架、两把休闲椅、一个茶几以及固定设在客房入口处的衣橱和卫生间。图 4-3-7 所示为某酒店单人间设计。

图 4-3-7 某酒店单人间设计

2. 双床间

双床间也叫标准客房，在酒店中，这种客房数量最多，设施、家具的配备也最“标准”。它的主要家具和设施包括两张单人床，一个两人共用的床头柜，一对休闲椅和一个茶几，一个写字、梳妆、放电视机的多用桌和一把写字椅，一个箱包架以及分别位于小门厅两侧的衣橱和卫生间。图 4-3-8 所示为某酒店双床间设计。

客房的单人床尺寸常常大于家庭用单人床尺寸，常用尺寸为 2 000 mm × 1 200 mm。多用桌一般较窄，宽度约为 500 mm，通常是带柜的，其中可放冰箱及保险箱。多用桌的上部有梳妆镜，镜子上有镜前灯。休闲椅和茶几大多靠窗摆放。箱包架与多用桌相连，是客人放置行李箱的地方，为防止行李箱滑落，其表面有铜质或木质防滑条。床头柜置于两张单人床的中间，床头柜上方墙面上有全部灯具的开关以及电视机电源的开关。

图 4-3-8 某酒店双床间设计

3. 双人间

双人间的配置与双床间的配置相似，只是床为双人床，双人床的尺寸一般为 1 800 mm × 2 000 mm 或 2 000 mm × 2 000 mm。图 4-3-9 所示为某酒店双人间设计。

图 4-3-9　某酒店双人间设计

4. 套间客房

套间客房一般由两间房组成。外间为客厅，主要家具为组合沙发和电视柜，有时还可以增设早餐用的小餐桌。客厅是供客人休息、接待客人和洽谈生意的地方，可适当摆放盘花等陈设品。套房的里间是客人睡觉的地方，其配置与双床间或双人间的相同。套间客房大多配有两个卫生间，分别供住宿者和来访客人使用。供来访客人使用的卫生间，位于客厅入口处，一般其中不设浴缸。里间的卫生间供住宿者使用，一般要配置盥洗池、坐便器和浴缸等。图 4-3-10 所示为某酒店套间客房设计。

图 4-3-10　某酒店套间客房设计

套间客房不只有两间相套的，也有三间或四间相套的。三间或四间相套的客房，可设置单独的餐厅及办公室，其装饰材料和家具也更加高档，被称为豪华套间。

5. 公寓式客房

公寓式客房的最大特点是有厨房。这种客房主要供大公司的派出人员租用，租用时间一般较长，故需要有一个可用于做饭的厨房。这种客房集办公空间、会客空间、住宿空间、就餐空间、烹调空间于一体，所以至少要有两个房间。

6. 总统套房

五星级酒店和一些四星级酒店有总统套房。不同的总统套房的组成不尽相同，基本包括总统卧室、夫人卧室、会客室、办公室（书房）、会议室、餐厅、文娱室和健身房。有些酒店在总统套房的前部设置随行人员用房，它们与总统套房相邻，但又有独立性。图 4–3–11 所示为欧式总统套房。

图 4–3–11　欧式总统套房

不同等级的酒店，对各种客房应配备的家具和设施的规格、数量都有明确的规定，但在不同国家，这些规定也会有差别，如有些客房中可能有餐桌、小酒吧或专门用于办公的桌椅，有些客房的卫生间中还可能有妇洗器、旋涡浴缸和桑拿房等。

三、客房设计案例

客房设计在相当大的程度上体现着酒店的文化底蕴，在现代的客房设计中，客房的风格使其散发着独特的魅力。一般来说，欧美风格的客房设计色彩艳丽、丰富、直观；现代风格的客房设计色彩清淡、含蓄、内敛、高雅，含灰量较高。在客房中，不同的色彩表达不同的情感，色彩可以在客人心中留下鲜明的印象。在形态方面，欧美风格的客房设计以“线型”为主，大多通过线型的色彩、大小、粗细、深浅和造型来体现变化、传达设计语言，如图 4-3-12 所示。中式风格的客房设计以“体面”为主，运用“面”展现充满理性的视觉组合和虚实关系，打造明快清新的设计效果，如图 4-3-13 所示。一些度假酒店的客房设计非常有地域特色，图 4-3-14 所示为伊朗青年酒店的客房设计，该客房设计在造型、材料运用方面极具地方特色。图 4-3-15 所示为现代风格的客房设计，红白搭配的床上用品打造了客房的温馨感。

图 4-3-12　欧美风格的客房设计

图 4-3-13　中式风格的客房设计

图 4-3-14　伊朗青年酒店的客房设计

图 4-3-15　现代风格的客房设计

第四节　舞厅设计

一、舞厅设计的基本原理和要求

目前，三星级以上酒店一般都配备舞厅，是人们重要的交际场所。在我国，二十世纪五六十年代流行跳交谊舞，舞厅是供人们跳交谊舞的单一型舞厅。如今，单一型舞厅逐渐演变成多功能舞厅，并向能提供品茶、酒水、餐饮等服务的新型舞厅发展。

1. 舞厅的类型

舞厅经营方式不同，其组成和活动内容也不同。目前，舞厅大体上有以下四种：

（1）普通歌舞厅。活动以跳交谊舞为主，以组织小型演出为辅，人们跳舞时有小型乐队或歌手伴奏或伴唱；舞池较大，均设小型舞台；消费人群中既有年轻人，也有中年人和老年人。装修装饰相对传统，总体氛围相对平和。

（2）迪斯科舞厅。活动以“蹦迪”为主，舞池相对较小，有时在同一个空间内同时设置几个小舞池，供不同群体分别使用；消费者几乎全是年轻人，故装修装饰相对活泼，动感十足，造型、色彩、图案、装饰材料时尚、奇特，甚至怪诞和另类；在这种舞厅中可设置表演性的舞台，此外，还可设置一个或几个领舞台，供领舞者使用。

（3）夜总会。活动以歌舞表演等为主，故常设有一个较大的舞台和男女化妆间。

（4）歌厅。卡拉 OK 开始流行后，几乎各类舞厅都增设了 KTV 包房，数量少的只有几间，分散设在舞厅的周围；数量多的达几十间甚至上百间，往往设在不同的楼层内。有些舞厅中没有舞池和舞台，只有 KTV 包房，故将其称为歌厅。

2. 舞厅设计的要求

（1）合理划分功能区。要以舞厅的经营方向和建筑主体的结构状况为依据，全面考虑舞厅的功能设计，以满足消费者的多种需求，增强对消费者的吸引力。要优先安排好大厅特别是舞池和舞台的位置，再使散座、卡座、包房、餐厅、酒吧等各得其所，让整个舞厅成为一个有机的整体。

（2）合理组织空间层次。舞厅是娱乐场所，其空间设计本身就应该具有一定的装饰性和趣味性。为此，应结合舞厅的功能要求，适当运用屏风、栏杆、花槽、石景、水景等组织舞厅空间，或采用改变地坪标高、天花标高等方法增加舞厅空间的层次，使宽大的舞厅空间具有起伏多变、错落有致的魅力。

（3）充分重视声学效果。为使舞厅具有良好的声学效果，舞厅要做好吸声和隔声设计。因此，舞厅设计时应注意以下问题：

1）除舞池外，散座区、卡座区和包房的地面尽量少用地毯装饰。

2）墙面多用木材、壁纸、乳胶漆、拉毛灰、软包等装饰，还可搭配使用织物、皮革、石膏花饰、玻璃钢花饰等。不能大面积使用石材、玻璃、不锈钢等硬质材料，如若使用，这类材料只能作点缀和局部装饰。

3）坐具最好选用布艺沙发、皮沙发及带有软垫的木椅和藤椅。

4）不要盲目开窗，特别是开大窗。已有的窗户应配质地厚重的窗帘。

5）外门和包房的门应用皮革覆面或采用较厚的木门，门上的玻璃窗面积不宜过大。

6）要减少门窗、墙壁上的孔洞和缝隙，包房与包房之间的隔墙要砌至楼板的下表面，不可止于吊顶的下部。

（4）充分重视防火防灾要求。为使客人的生命和财产得到可靠的保障，在舞厅设计中，要特别注意防火防灾等要求。舞厅出入口的数量和宽度、楼梯的数量和宽度以及安全出口之间的距离要符合国家有关规定，木龙骨、木夹板等要选用难燃的或在其表面涂防火漆。所有电器的线路和开关都要按规范要求设计与安装。

（5）适时引入先进技术。舞厅是一个设施相对复杂的娱乐场所，其装饰装修涉及

多种材料、技术和设备，设计师应密切关注行业相关信息，适时引入新的材料、技术和设备。例如，引入新型灯具及控光方法、新型音响及调音方法、镭射玻璃、荧光地毯等。

（6）不断增强创新意识。舞厅是一个娱乐场所，人们到这里来是要寻求快乐，寻求新奇，甚至寻求刺激。为此，舞厅的装饰装修要不落俗套，力争让人耳目一新。实践证明，许多主题舞厅非常受欢迎，如引入大量自然景观的“田园歌舞厅”，内有沙漠景观、巨石柱和图腾柱的“非洲歌舞厅”，以及以驼队、商旅车队、石窟等形象显示西域风情的“丝绸之路歌舞厅”。

二、舞厅设计的方法

普通舞厅大致由舞台、舞池、散座、卡座、包间、声光控制室与化妆室（兼演员候场室和休息室）、酒吧柜台等部分组成。

1. 舞台

舞台的面积大小不一，小型的只有十几平方米，高度少则 150 mm，多则 300 ~ 600 mm。小型舞台的主要用途是供小型乐队、独唱演员演奏和演唱，只有少数大型的舞台才可用于表演鼓舞等节目。图 4–4–1 所示为几个不同类型的舞厅，由图可知，不同类型的舞厅舞台的功能不同。图 4–4–1a 所示舞厅的中央有一个钢琴吧，它是为演奏钢琴和其他音乐节目而设的。图 4–4–1b 所示舞厅有一个可供小型乐队和少量歌手演出的小型舞台。图 4–4–1c 所示舞厅有一个较大的舞台，可供演员表演歌舞等。

大型舞台的台面可用木板铺贴，小型舞台的地面几乎全部铺地毯。满铺地毯的舞台富有弹性，并有明显的吸声效果，适合小型乐队和歌手演奏、唱歌。

舞台的背景墙是舞厅装饰装修的重点，除了要满足声学要求，更要有特色。可用现代构图手法设计背景墙，通过合理运用形状、色彩、装饰材料等打造醒目的图案；也可采用建筑元素设计背景墙，如选用西式的古典柱式和拱券，或选用中式的梁、柱等；或采用雕塑、自然景观及其他舞美元素，视需要设计或具体或抽象的景物。图 4–4–2 所示为某舞厅的舞台设计。

2. 舞池

（1）面积。举办的活动以跳交谊舞为主的舞厅，可按 80% 的客人同时跳舞、每人需要 1.5 m^2 的标准计算舞池的面积。

（2）地面。舞池的地面大多数与舞厅的地面齐平，做下沉设计的或凸起设计的较少，如果做下沉设计，应设 2 ~ 3 个台阶或在其周围设置低矮的栏杆，以免发生客人跌倒等事故。舞厅的地面常用磨光花岗岩或大理石铺装，舞池周边地面最好镶嵌走珠灯，以标明舞池的边界。近年来，有相当多舞池的局部或全部地面用玻璃装饰，具体做法是先将木龙骨架成大小为 600 mm × 600 mm 的网格，再在其上铺设 12 mm 和 10 mm 厚的单面磨砂钢化玻璃，并在两层玻璃间夹一层较厚的胶片。玻璃地面的下面，可设彩色灯，灯光可以闪烁或变换颜色，但不能刺眼。

（3）形状。舞池的形状有圆形、方形、矩形、八角形、椭圆形等，接近圆形的最好用，过于狭长的最难用。

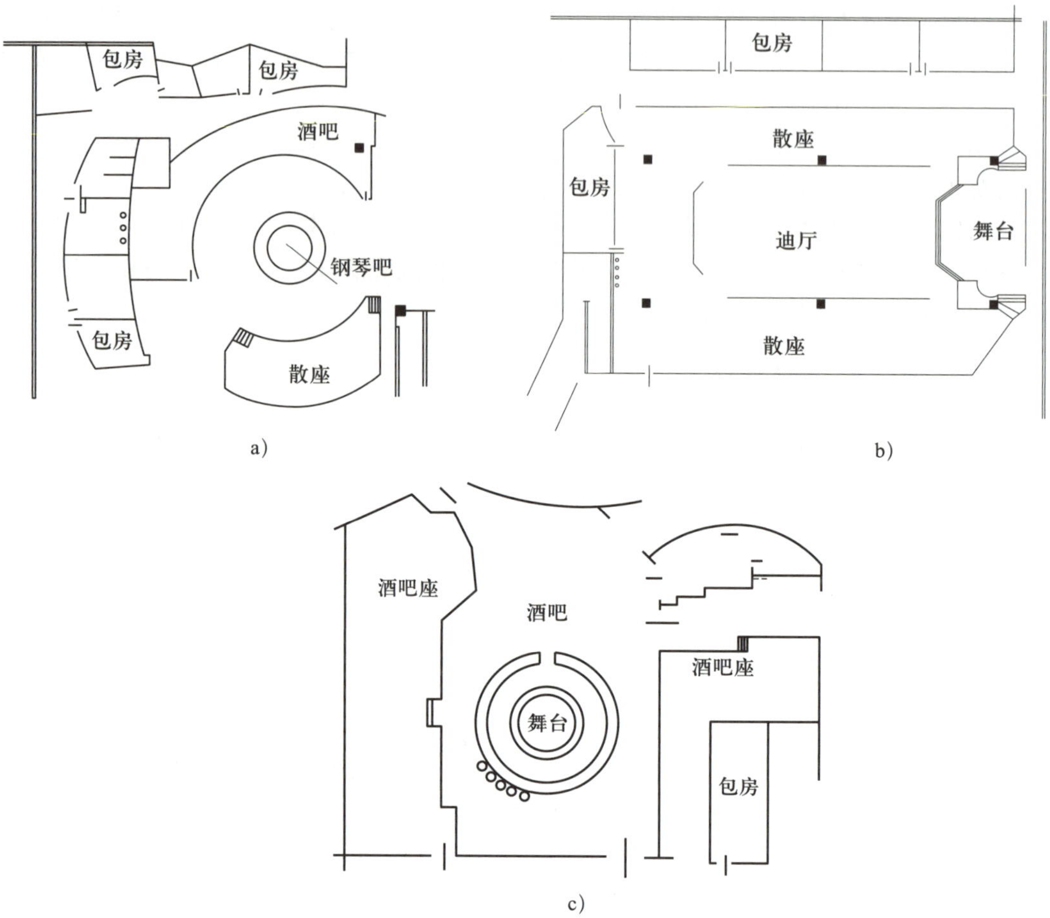

包房
包房
酒吧
钢琴吧
包房
散座

a)

包房
散座
包房
迪厅
舞台
散座

b)

酒吧座
酒吧
酒吧座
舞台
包房

c)

图 4-4-1　几个不同类型的舞厅

图 4-4-2　某舞厅的舞台设计

（4）灯光。舞池设计的一个重要内容是灯光设计，因为舞厅多在夜晚营业，舞池的灯光效果会直接影响舞厅的氛围和舞者的情绪。舞池顶部常用的灯具有以下几种：

1）频闪灯。这类灯多为音控的，故能随乐曲节奏的变化而闪动，主要用在迪斯科舞厅中。

2）蜂巢灯。这类灯呈球形，上有小洞（洞数一般为 12、16、18 或 32），如蜂巢一般，故称蜂巢灯。灯光从小洞中射出，灯体可以转动。

3）魔灯。这类灯也呈球形，表面被数量众多的镜面玻璃包裹，用以反射周围的灯光；球体可以转动，灯本身并不发光。

4）紫光管。这类灯是一种类似日光灯的长管状灯具，可以发出特殊的紫光，能为舞厅带来神秘的气氛。

5）转灯。它有 4 头的、6 头的、8 头的、12 头的等多种类型，每个灯头可以射出不同颜色的灯光，整个灯体可围绕垂直轴不停旋转，能使舞厅的灯光丰富多彩且富有动感。

6）射灯。射灯也称聚光灯，多用于舞台的周围，采用射灯的目的是用集束的灯光强调某些景物或突出某个演员。

7）电脑灯。大一些的舞厅均配计算机控制的电脑灯，它能够按设定的要求不断映出诸如星星、圆环、雪花、雨点等图案，使舞厅更加有趣味。

舞厅使用的灯具多种多样，图 4–4–3 所示为舞厅常用灯具。

除顶部灯具外，舞池的边缘还常常使用走珠灯，舞池上下左右也可搭配使用霓虹灯，采用这类灯的主要目的是增强舞厅的装饰性。

舞厅顶部的灯具，特别是其中的专业灯具，往往安装在一个金属构架上，该构架固定在楼板上，外轮廓多为矩形的、圆形的或椭圆形的。固定构架的楼板不做吊顶，以使灯具发出的热量由顶部散发出去；楼板的下表面大多涂成黑色的，这样做的目的是反衬灯光，以打造繁星满天、交相辉映的效果。

3. 散座

散座是客人在观看表演或在跳舞间歇中饮茶、休息的地方，多以圆形茶几和圈椅成组布置在舞池的周围。在某些舞厅中，特别是在迪斯科舞厅中，常常设置一些酒吧席，酒吧席由吧台和长桌组成，桌子的长度不等，短者可为 2 人用的矩形桌，长者可为弧形或马蹄形桌，与其搭配的吧台凳可能有七八个或更多个。散座区的地面最好铺地毯，因为地毯吸声性能好，而且有弹性。散座区的灯光不宜过强，必要时可搭配使用烛光，使舞厅更加有情趣。

4. 卡座

卡座是一种相对独立的座席。每个卡座上约有 6 ~ 10 个座位。卡座与卡座之间用栏杆、屏风或花槽等隔开，形成一个左、右、后均有依靠而敞向舞池的虚拟空间。卡座大都位于散座的周围，为使卡座里客人的视线不被遮挡，可适当抬高卡座区的地坪，使卡座区地坪高出散座区地坪 300 ~ 450 mm。卡座区的地面大多铺设地毯，墙面常用壁灯、挂画等装饰。

图 4-4-3 舞厅常用灯具

5. 包间

舞厅中的包间可以占一块单独的区域，与设置舞池的大厅没有直接联系；也可通过走廊、过厅与大厅相连或直接连接大厅。前者的好处是包间与大厅之间声音干扰少；后者的好处是包间中的客人可以随时到大厅跳舞或休闲。

包间的主要家具是沙发和茶几，主要设备是卡拉 OK 设备，包括电视机和音响等。有些大一点的包间设有小酒吧、小舞池和专用洗手间，少数供餐的舞厅还可能在包间里设餐桌。

包间的设计与装饰相对灵活，往往追求新颖时尚的风格和鲜明的个性，会采用一些与众不同的设计手法和元素，如采用造型美观的台灯、壁灯、绘画作品、雕塑等。

在包间设计时还要注意声学方面的要求，一方面要有较好的吸声效果，不能有过多的反射声，且混响时间不可过长；另一方面要有较好的隔声性能，以避免大厅和相邻的包间受到干扰。包间的地面大多铺设地毯，包间的墙面大多使用壁纸、织物等质地较软的材料装饰，图 4-4-4 所示为某 KTV 两个包间的设计。

图 4-4-4 某 KTV 两个包间的设计

6. 声光控制室与化妆室

声光控制室是用来控制和调节灯光、音响的地方，室内有专用控制台，并有一两个工作人员的座位。声光控制室的位置选择极其重要，工作人员透过侧窗要能看到舞厅的灯光变化，以便适时进行调控。

化妆室是演员更衣、化妆和候场的地方，大一些的舞厅应分设男、女化妆室。声光控制室和化妆室大多布置在舞台的两侧和后边。

7. 酒吧柜台

酒吧柜台的功能是为客人提供饮酒的地方，同时它也是为坐在散座和包间的客人准备茶点的地方。因此，酒吧柜台外应设适量的酒吧凳，酒吧柜台内应设酒柜、清洗池、冰柜等，并要留够服务人员活动的空间。

酒吧柜台常常位于舞池的后方或者某一侧，确定其位置的原则是既要方便使用，又不能占用方便观看表演和跳舞的位置。它的形状设计具有较高的自由度，除常见的直线柜台外，可视总体环境的实际情况将其设计成折线形或曲线形柜台。

舞厅内也要设置必要的管理用房，如办公室、保安室等。

三、舞厅设计案例

舞厅设计要求设计师对舞厅平面布局及空间层次进行较好的处理，要重视声学效果、照明效果。图 4–4–5 所示为迪斯科舞厅，该舞厅内有三个高低错落的舞台，两个圆形舞台较高，是舞厅内视觉焦点。图 4–4–6 所示为交谊舞舞厅，它的舞池较大，绚丽的地毯与简洁时尚的座椅营造了温馨、浪漫的舞厅氛围。图 4–4–7 所示为酒吧舞厅，它的装饰活泼、动感十足，立面造型、色彩时尚奇特，符合年轻人的审美情趣。图 4–4–8 所示为夜总会舞厅，它的舞台背景设计醒目，舞台灯光欢快、热烈、多变，增加了舞厅的情趣，较大的圆形舞台可用于歌舞表演等。

图 4–4–5　迪斯科舞厅

图 4–4–6　交谊舞舞厅

图 4–4–7　酒吧舞厅

图 4–4–8　夜总会舞厅

第五节　桑拿房设计

一、桑拿房设计的基本原理

四星级及以上酒店一般都会配备洗浴中心，洗浴中心经营的项目很多，除洗浴之外，往往还包括美容、美发、健身、休闲、餐饮等。洗浴中心的设计不必受古典、现代等风格与流派的束缚。洗浴中心装饰常以天然石材和马赛克为主要材料，以自由曲线和自由曲面为造型基础，利用各种几何造型及高科技照明技术，使空间具有现代、时尚、梦幻的特色。图 4–5–1 所示为某酒店洗浴中心设计。

a)

b)

c)

d）

e）

图 4–5–1 某酒店洗浴中心设计

目前，大多数酒店的洗浴中心以桑拿浴为主要经营项目，故本节主要介绍桑拿房的设计。桑拿浴起源于芬兰，也称芬兰浴。最早的桑拿房设在洞穴里，在这里，人们堆起一堆堆的石头，把石头烧热，再往石头上浇水，洞中就会弥漫大量蒸汽。人们在高温中排汗，进而用一种树枝拍打身体，以增加排汗量。到了近现代，芬兰人仍然保留着洗桑拿浴的习俗，在有客人来访时，主人会热情地招待客人洗桑拿浴，并把洗桑拿浴视为隆重的仪式。桑拿浴现已流行于全球，其内容和形式也更丰富了。

桑拿房的占地面积视经营项目的多少和总体规划而定，只用于洗浴部分的面积，可按每位客人 10 m^2 的标准进行估算。如果同时设计男宾部和女宾部，男宾部和女宾部的面积比值可为 8：2 或 7：3。如果还经营娱乐、健身、美容、美发、餐饮等项目，这些项目所用场地面积需另行计算。图 4–5–2 所示为某酒店桑拿房设计。

客人洗桑拿浴的一般程序是：①寄存物品，到更衣室更衣；②在淋浴间进行短暂淋浴；③带上毛巾，在桑拿房蒸桑拿；④到水池中冲洗；⑤根据身体状况，重复蒸桑拿、冲洗程序；⑥淋浴后身披浴巾，到休息厅休息并享受茶点，直到皮肤变凉、毛孔闭合，再穿上衣服。按以上流程，桑拿房各组成部分之间的关系如图 4-5-3 所示。

图 4-5-2　某酒店桑拿房设计

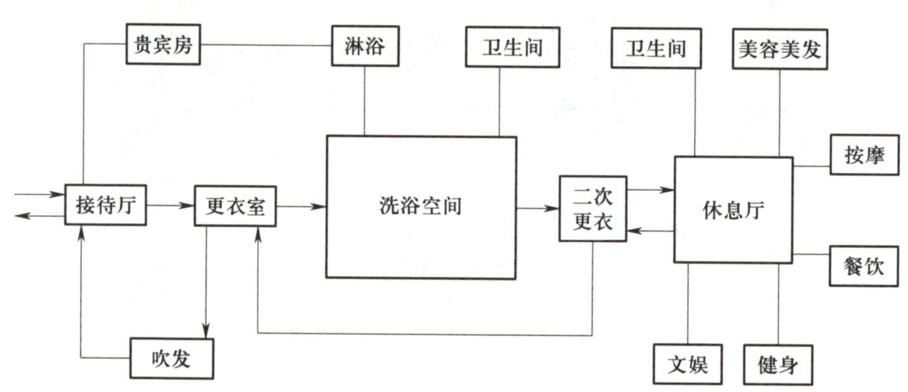

图 4-5-3　桑拿房各组成部分之间的关系

二、桑拿房设计的方法

1. 接待厅

接待厅是最先接待客人的地方，接待人员的主要任务是迎接客人、帮客人保管物品和结算，因此在接待厅中应设接待柜台、形象墙和临时使用的休闲椅。当接待厅处于最低层时，客人主要来自室外，故接待厅应靠近桑拿房出入口；当接待厅设在中间层时，客人必然来自上下层，故接待厅应与楼梯间和电梯间联系紧密。

一般情况下，接待厅可以同时接待男宾和女宾，他们办完手续后，可分别从两个入口进入下一个空间。男宾部和女宾部的入口之间应有一定的距离，并要有明显的标志。

2. 更衣室

更衣室的主要家具是存衣柜和换衣凳，家具的数量应与桑拿房的规模相匹配。在

更衣室的适当部位，应设一两个带镜的梳妆台，并配置吹风机，供客人离开桑拿房前吹干头发和化妆用。图 4–5–4 所示为某桑拿房的更衣室。

图 4–5–4　某桑拿房的更衣室

3. 洗浴空间

洗浴空间是桑拿房的主要空间，由淋浴间、干蒸房、蒸汽房、按摩浴池和日式木桶等组成。

（1）淋浴间。可设计成占地面积为 900 mm × 900 mm 的小隔间（见图 4–5–5），也可设计成半圆形的小凹槽；花洒一般距地面 2 200 mm；淋浴间的数量可按每间每日接待 20 位客人的标准计算。

图 4–5–5　小隔间

（2）干蒸房。外壳由经过高温处理的白松或杉木制成，用矿棉做保温层。干蒸房可以定做，也可以直接购买成品。成品干蒸房规格不一，小的可以容纳 2 ~ 3 人，占地面积为 800 mm × 1 000 mm；大的可容纳 6 ~ 8 人，占地面积为 2 000 mm × 2 500 mm；高度一般为 2 000 mm。

据统计，一间占地面积为 2 000 mm × 2 000 mm 的干蒸房，每天大约可以接待 100 位客人。

干蒸房内的主要设备是桑拿炉，该炉通过电加热其上的石子，人们可以根据对湿度的需要，将水泼到加热的石子上。干蒸房的四周为坐凳，同其外壳一样，坐凳也是由白松或杉木制成的。

（3）蒸汽房。蒸汽房即湿蒸房，其壁面是由加入了耐高温防爆添加剂的玻璃纤维制造而成的，其座椅的材料与壁面的材料相同，座椅与壁面连成一体。壁面与座椅光洁牢固，易于清洗。蒸汽房的规格多种多样，有可容纳 4 人的、6 人的、8 人的、10 人的、12 人的，可容纳 4 人的占地面积为 2 400 mm × 1 350 mm，可容纳 12 人的占地面积为 2 400 mm × 3 750 mm，它们的高度均为 2 150 mm。蒸汽房均为定型产品，整个蒸汽房由若干基本单元组成。蒸汽房的温度比干蒸房的温度低，但因其湿度很大，故称为湿蒸房，如图 4–5–6 所示。

图 4–5–6　湿蒸房

（4）按摩浴池。桑拿房中要设按摩浴池，包括冷水池、暖水池和热水池，也就是人们常说的“三温暖”。由于多数人适于在暖水中享受按摩，所以暖水池的面积最大。在一般洗浴中心中，冷水池和热水池均可按占地面积为 6 m^2 左右的标准设计，可容纳 6 ~ 8 人，暖水池可按占地面积为 10 m^2 左右的标准设计，可容纳 10 ~ 15 人。浴池的深度为 900 mm，周边座席的高度为 400 ~ 450 mm，宽度应不少于 400 mm。浴池的形状没有固定要求，从使用角度看，接近方形的最好用；从观感上看，圆形的、椭圆形的更加自由，如图 4–5–7 所示。有些规模较大的桑拿房，围绕按摩浴池常设有跌瀑、碧泉、山石等景观，以使按摩浴池有更大的观赏性。

图 4-5-7　按摩浴池

上述“三温暖”浴池都是在现场施工建造的，除此之外，还可在其周围设置成品浴缸。

桑拿房中往往还设有搓背床，可以适当分散摆放，也可相对集中摆放。

（5）日式木桶。有些洗浴空间会经营在日本非常流行的木桶浴项目，木桶可集中布置在一个专门的大厅中，也可以成排布置在洗浴空间的周围，或布置在某些包间内。图 4-5-8 所示为沿墙布置的日式木桶。

图 4-5-8　沿墙布置的日式木桶

4. 休息厅

休息厅是供客人在洗浴之后休息的场所，也是一个连接按摩室、健身房、美容美发厅、餐饮空间的过渡空间。休息厅的主要家具为沙发和茶几，它的一端应设酒吧台。

酒吧台的主要功能是提供点心和酒水，也是服务人员向客人提供指引、回答客人问题和提供相关服务的地方。休息厅的面积可按每位休息者占地 4.5 ~ 6.5 m^2 的标准计算。图 4–5–9 所示为某桑拿房的休息厅设计。

图 4–5–9 某桑拿房的休息厅设计

5. 贵宾休息室

贵宾休息室是一种供少数客人休息的包房，其功能与休息厅的功能基本是一致的，只是它的私密性更强，设备更完善，除床和座椅外，往往还配备电视机、棋牌桌和专用洗手间。

6. 贵宾洗浴室

贵宾洗浴室是一个独立的既用于洗浴又用于休息的空间，在这里，客人可以完成全部洗浴过程，也可以享受浴后的休闲。图 4–5–10 所示为某桑拿房的贵宾洗浴室。

图 4–5–10 某桑拿房的贵宾洗浴室

三、桑拿房设计案例

图 4-5-11 至图 4-5-14 所示为不同的桑拿房的洗浴空间设计，它们的墙面、地面、座椅均由经过高温处理的白松或杉木制成，尺度舒适，可坐可躺。

图 4-5-11　桑拿房的洗浴空间设计（一）

图 4-5-12　桑拿房的洗浴空间设计（二）

图 4-5-13　桑拿房的洗浴空间设计（三）

图 4-5-14　桑拿房的洗浴空间设计（四）

第六节　综合实训

一、项目概况

为某三星级酒店进行空间设计，该酒店的建筑平面图如图 4-6-1 所示。

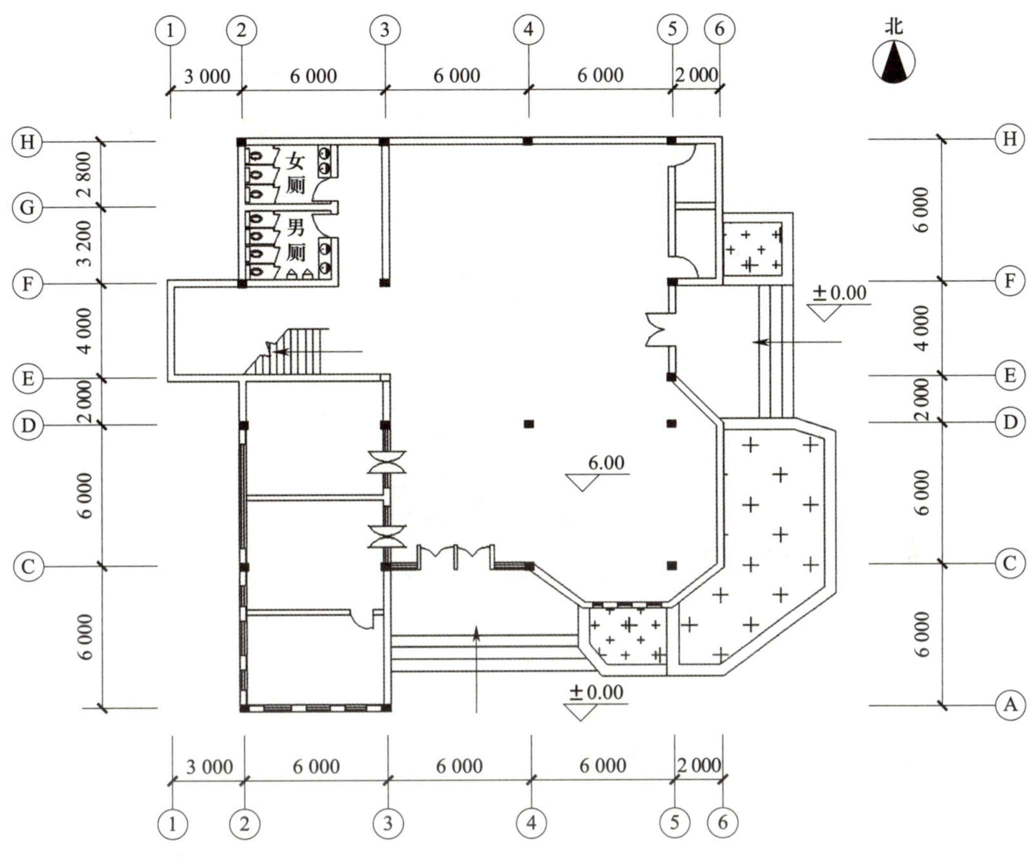

图 4-6-1 酒店的建筑平面图

二、背景信息

1. 该酒店位于广东省某二线城市繁华商业街，该城市人口有 100 万人。酒店等级为三星级，主要消费者为旅游人士及商务人士。

2. 建筑结构为框架结构，层高为 4 m。

3. 应考虑空调安装问题（可用图文说明）。

三、设计要求

1. 本次设计对象为该酒店的一层空间，该空间中要有接待大堂、大堂吧、旅行社、商务中心、会议室、洗手间等。

2. 布局合理，风格鲜明，用材恰当而不张扬。

思考与练习

1. 通过查阅资料，了解不同等级酒店的设计要求。
2. 下图所示为某宾馆大堂平面图，请根据该平面图制定大堂设计方案。

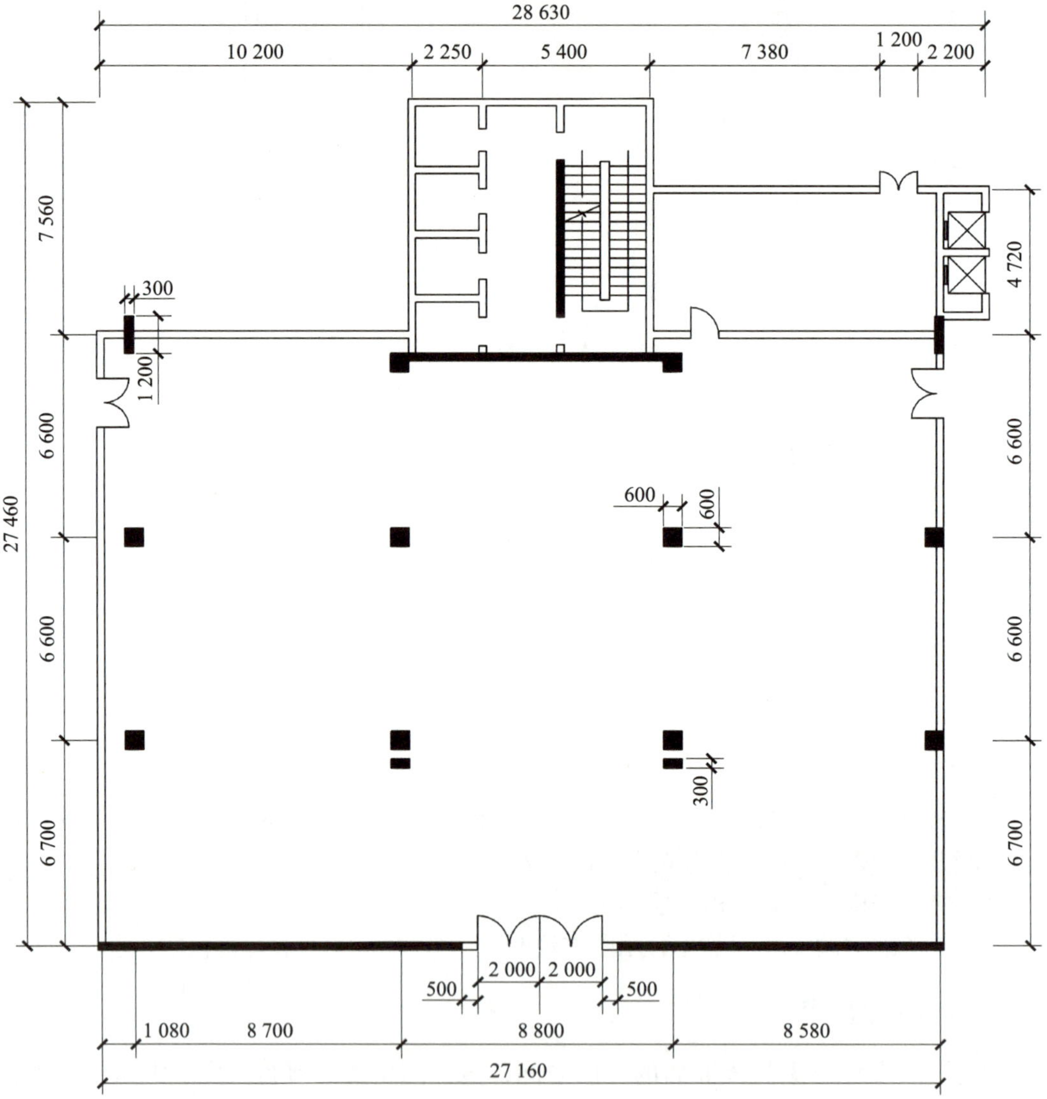

3. 下图所示为某宾馆客房平面图，请根据该平面图制定客房设计方案。

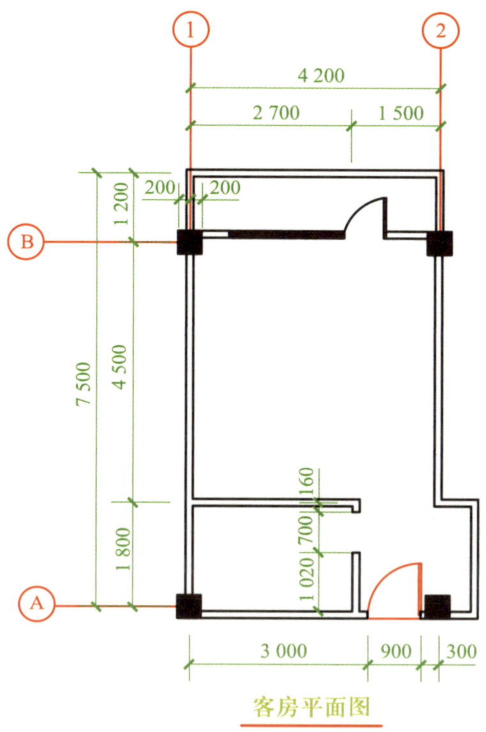

客房平面图

4. 下图所示为某舞厅平面图，请根据该平面图制定舞厅设计方案。

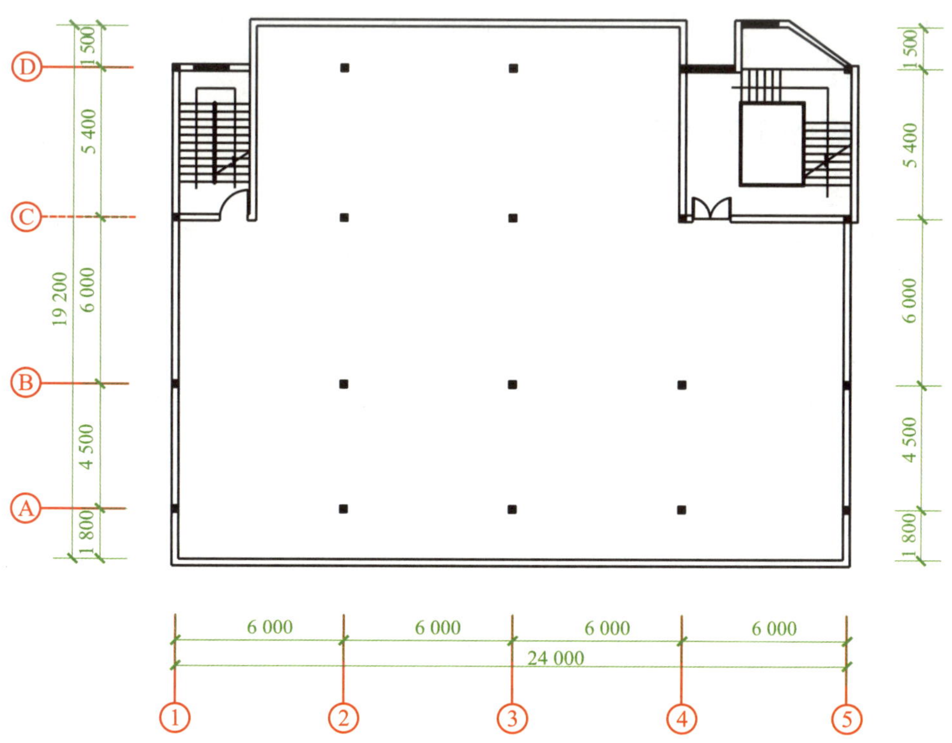

第五章 商店空间设计

学习目标

1. 了解商店空间设计的理念。
2. 熟知商店空间设计的要求。
3. 熟悉服装店、书店的设计方法。
4. 能制定商店空间的设计方案。

第一节 商店空间设计概述

商店是商业空间的一部分，它是指为人们日常购物活动提供各种空间、场所的地方。商店空间设计一方面要能美观地展示商品，另一方面要能为人们提供一个舒适的购物环境和体验。

一、商店空间设计的理念

1. 商店空间的概念

从广义上可以把商店空间定义为：所有与商业活动有关的空间形态。从狭义上可以把商店空间定义为：当前社会商业活动中所需的空间，即实现商品交换、满足消费者需求、实现商品流通的空间，包括各类具有商业用途的空间，如博物馆、展览馆、商场、步行街、写字楼、餐饮店、宾馆、专卖店、美容美发店等。随着时代的发展，现代意义上的商店空间呈现多样化、复杂化、科技化和人性化的特征，其概念也有了更多层面的解释。

2. 传统商店空间的设计理念

商店空间是市场经济的产物。人类最早产生物物交换行为，可能只需要交易双方约定一个地点进行交易即可，这其中缺少商品展示的过程。钱币的出现使得商品的交换更加便捷，商品贸易竞争也更加激烈，商店空间设计就成为商人最关心的事情。我国传统的商店空间大多推崇商住结合的模式，前店后舍或楼下为商店楼上为宿舍。图 5–1–1 所示为清明上河图中的商店，图 5–1–2 所示为清代商店空间设计。

图 5-1-1 清明上河图中的商店

图 5-1-2 清代商店空间设计

3. 现代商店空间的设计理念

商店空间发展至今，其设计理念发生了重要的变化。商店空间中要有固定的商业设施，以便利来往的客人。商人发生交易行为的目的在于通过交换获取因差价而产生的利润，那么能够有效促进商品销售便是商业设施的基本功能所在。随着商业活动的繁荣和发展，最简单的商品交易模式已无法满足人们的需求，商店空间的环境、附属的休闲娱乐设施以及当代科技迅猛发展所带来的“知性的满足”愈发重要。如今，新的建筑施工工艺和材料不断地应用于商店空间设计中，科技感与时尚感结合的商店空间能使消费者对购买的商品产生信任感并产生购买行为。如今，各个商家除了更新产品加强销售活动之外，也更重视商店空间的功能与环境塑造，以充分满足消费者需求，并最终促成人们的购买行为。图 5-1-3 所示为现代商店设计。

图 5-1-3　现代商店设计

随着我国城镇化的快速推进，各类商业设施及商店不断涌现，商店空间设计的前景非常好，设计公司之间的竞争也日益激烈。目前，商店空间设计行业趋于成熟，一些能整合更多资源的设计公司更加受欢迎，仅仅开展设计加施工业务的设计公司已经不适应行业未来发展的趋势。以设计公司为首，提供园林、家私、软装配套服务，或者根据项目要求，将建筑设计、景观设计和室内设计结合在一起，提供整体规划服务，是商店空间设计的发展趋势。

二、商店空间的平面布局

普通商店的平面布局方式有以下几种：一是直线型布局。货架沿直线摆放，能够更加有效地利用空间。同时，这种平面布局的商店空间能给顾客更多的自由，顾客可自由穿行于商店空间中。二是鱼骨型布局。这种平面布局的商店空间可以更好地展示商品，从而激发顾客的购买欲望，但这种平面布局方式不能有效利用空间。三是自由摆放型布局。在这种平面布局方式下，商店空间像是一个集市，有助于为商品树立一种完全有别于竞争品的形象，但采用这种平面布局方式，需要特别定制展示货架，布置成本高。商店空间平面布局设计主要考虑以下因素：

1. 人的流动

顾客通道设计是否合理会直接影响顾客的流动，一般来说，顾客通道有以下几种形式：

（1）直接式顾客通道。它又叫格子式顾客通道，是指所有的货架互成直角，以构成曲径通道。这种顾客通道的优点在于顾客可随意挑选商品，气氛活跃，更多的商品能被顾客看到，增加了交易机会。

（2）自由滚动式顾客通道。这种顾客通道是指商家根据商品和货架特点对各种商品进行不同组合，例如，利用商店过道等空间摆放较轻松的立面广告牌，在顾客流通的地方如电梯和走廊等处设置动态的 POP 广告，借用电动机等机械设备或自然风力将广告造型进行动态展示。

2. 商品的流动

商家可运用一些特殊的动态货架，使商品有规律地运动、旋转，或巧妙地运用灯光照明的变换效果使商品看起来动态化。这种顾客通道可以为无流动特性的商品增加流动特征。

3. 展具的流动

可通过自动装置使商品呈运动状态，常见的运动展具有以下几种：

（1）旋转台。台座装有电动机，大的旋转台上可以放置汽车，小的旋转台上可放置珠宝、手机、计算机等，可使顾客全方位地观看商品。

（2）旋转架。主要是在纵面上转动，使用旋转架的好处在于可以充分利用高层空间。

（3）电动模型。人物、动物、机器和交通工具类商品均可做电动模型，在展示时可使它们按照展示需要运动。

（4）半景画和全景画。在商品后面设置立体感强的画面，或者利用高科技大屏幕投影等设置一个假远景，使顾客感觉身临其境。

三、商店的主要类型

商店分为百货商店、专卖商店、中小型自选商场、商业街等。百货商店功能齐全，可提供购物、餐饮、娱乐、休闲等服务；专卖商店定位明确，针对性强，具有个性，有家用电器专卖店、时装专卖店、金银首饰专卖店、品牌专卖店等；中小型自选商场属小规模经营，灵活方便，便于人们日常生活消费；商业街集休闲购物娱乐于一体。

1. 百货商店

百货商店是指有多种商品销售，销售形式主要是售货员介绍商品的商店空间。百货商店可根据营业面积和经营项目不同分为小型百货店、中型百货店、大型百货店和巨型综合性购物中心。图 5-1-4、图 5-1-5 所示是某百货商店设计。

图 5-1-4　某百货商店设计（一）

图 5–1–5　某百货商店设计（二）

（1）小型百货店（见图 5–1–6）。

营业面积：10 ~ 1 000 m²。

经营项目：日常生活中常用的小商品。

空间设计特点：简洁整齐，充分利用有限空间，设计重点在门头招牌处。

图 5–1–6　小型百货店

（2）中型百货店（见图 5–1–7）。

营业面积：1 000 ~ 5 000 m²。

经营项目：日常生活中的必需品和其他稍微大件的商品，如服饰、电器等。

空间设计特点：货架排列紧凑，以沿墙式和立柱岛式排列为主；设商品展示台；使用的装饰材料较高档；注重个性和装饰效应。

图 5-1-7　中型百货店

（3）大型百货店（见图 5-1-8）。

营业面积：5 000 m^2 以上，有单层或多层销售空间。

经营项目：各种类型的商品，注重品牌销售和品牌宣传。

空间设计特点：讲究设计的整体性，根据经营项目对空间进行规划和布局，界面设计在衬托商品的前提下要和整体空间相协调，注重细小部位的装饰。

图 5-1-8　大型百货店

（4）巨型综合性购物中心（见图 5-1-9）。

营业面积：数万平方米。

经营项目：集购物、餐饮、娱乐于一体。

空间设计特点：注重设计的整体性，装修档次高；讲究人文环境设计；界面设计更具艺术感、个性。

2. 专卖商店

专卖商店是指专门销售某一类型商品或某一品牌商品的专营店，根据商场经营规模和销售模式不同可分为三类。

图 5-1-9　巨型综合性购物中心

（1）商场型专卖商店。

1）经营特点和规模。规模较大，营业面积通常在数千平方米以上，有单层或多层销售空间；商品时尚性强，商品分多个档次。图 5-1-10 所示为某专门经营家居用品的商场型专卖商店

2）空间设计特点。强调专卖商品的特点或特征；装修档次较高，注重商品陈列和品牌效应。

图 5-1-10　商场型专卖商店

（2）专业型专卖商店。

1）经营特点和规模。营业面积大于商场型专卖店的营业面积；经营某一种特定商

品，专业性较强，仍属于面向大众消费者的商店。

2）空间设计特点。装修档次一般，设计重点一般为商店的艺术造型，注重造型的独特性和招揽功能。图 5-1-11 所示为电器专卖商店。

图 5-1-11　电器专卖商店

（3）品牌型专卖商店。

1）经营特点和规模。专营某一品牌或某一知名公司生产的系列商品，常以连锁店形式出现。

2）空间设计特点。特别注重突出商品或公司的商标及品牌名称；设计具有潮流感，富有个性。图 5-1-12 所示为某鞋类品牌专卖商店。

图 5-1-12　某鞋类品牌专卖商店

四、商店空间设计的要求

1. 动线设计

动线设计是商店空间设计的核心，商店空间是流动的空间，包括顾客的空间、服务的空间、商品的空间，空间与空间之间有一定的序列关系，因此，商店空间设计成功与否和它的动线设计有一定的关系。

2. 中庭设计

一个大的购物中心或者商业综合体往往有一个或几个中庭，中庭构成的多样性以及设计的复杂性，使其成为整个购物中心或商业综合体空间设计的重点。中庭的设计元素主要包括绿化、水井以及其他营造气氛的特性元素。

3. 店面与橱窗设计

店面与橱窗设计是商店空间设计中最有诗意的部分，要想吸引顾客进入商店并购物，店面与橱窗设计一定要有吸引力。图 5–1–13 所示为商场中某个商店的橱窗设计。

图 5–1–13　商场中某个商店的橱窗设计

4. 导购系统设计

人们在逛商场的时候，觉得最麻烦的事就是无法找到目标地点，所以识别标志设计简单、醒目是导购系统设计的主要原则。

5. 其他配套设施设计

大型购物中心的配套设施主要指卫生间、停车场、广场、办公室等。这些配套设施在满足使用要求的同时，也要给人们带来方便。

6. 照明设计

在商店空间设计中，照明设计非常重要，照明主要分三种，即基本照明、特殊照明、装饰照明。基本照明可解决空间的基本照明问题，特殊照明是指商品照明，就

是通过将光线打到商品上，突出商品的特质，以吸引顾客注意商品。装饰照明是指为了实现装饰效果的照明，它能烘托气氛。这三种照明要合理搭配，以在视觉上增加商店空间的层次感，从而激发顾客的购买欲。图 5-1-14 所示为某商店外墙的照明设计。

图 5-1-14 某商店外墙的照明设计

五、商店空间设计的内容

各类商店空间在设计时既要充分考虑业主的基本需求，又要遵循商店空间设计的一般规范。商店空间设计的主要内容有商店通道设计、商店地面设计、商店补给线设计、商店色彩设计、商店收款台配置与设计、商店存包处设计、商店通风设备的配置、气味设计、照明设计、消防设计等。

1. 商店通道设计

良好的商店通道设计能使顾客有舒适的购物体验，要认真分析人流的动向，按照顾客的购物顺序合理设计商店通道。根据顾客购物顺序可以把商店通道划分为主通道与副通道，主通道是引导顾客行动的主线，副通道是顾客在商店内移动的辅线。商店主副通道不是根据顾客的随意走动路线设计的，而是根据商店内商品的位置与陈列方式设计的。良好的通道设计可引导顾客按设计的自然走向，走向商店的每一个角落，接触所有商品，使商店空间得到最有效的利用。商店通道设计要遵循的原则如下：

（1）通道要足够宽。通道的宽度要保证顾客提着购物筐或推着购物车能与他人并肩而行或顺利擦肩而过。

（2）通道要直。要尽可能避免迷宫式通道，尽可能设计笔直的单向通道，以使顾客在购物过程中沿货架前进，即可看到全部商品。

（3）通道中拐角要少。事实上全程呈直线的商店通道并不多见。这里的拐角要少是指通道中可拐弯的地方和可拐的方向要少。通道设计有时需要借助连续展开不间断的商品陈列线，如美国连锁商店 20 世纪 80 年代就有了标准长度为 18 ~ 24 m 的商品陈列线，日本商店的商品陈列线相对较短，一般为 12 ~ 13 m。这种陈列线长短的差异，反映了不同规模的商店在布局方面的要求。

（4）通道的光照度比卖场的高。通常通道的光照度要达到 1 000 lx，尤其是主通道，相对空间比较大，是客流量最大、利用率最高的地方，照度要足够高才能满足使用要求。

（5）没有障碍物。通道是用来引导顾客多走、多看、多买商品的，应避免有死角。在通道内不能陈设、摆放与商品或特别促销无关的器具或设备，以免阻断通道，破坏通道环境。某商店通道设计如图 5-1-15 所示。

图 5-1-15　某商店通道设计

中小型商店的“凹”字形通道设计，可避免顾客视线受到阻隔。通过所有陈列区的通道宽度应在 2 m 以上，主通道两边的商品摆放区为黄金陈列区。图 5–1–16 所示为某商店“凹”字形通道设计。

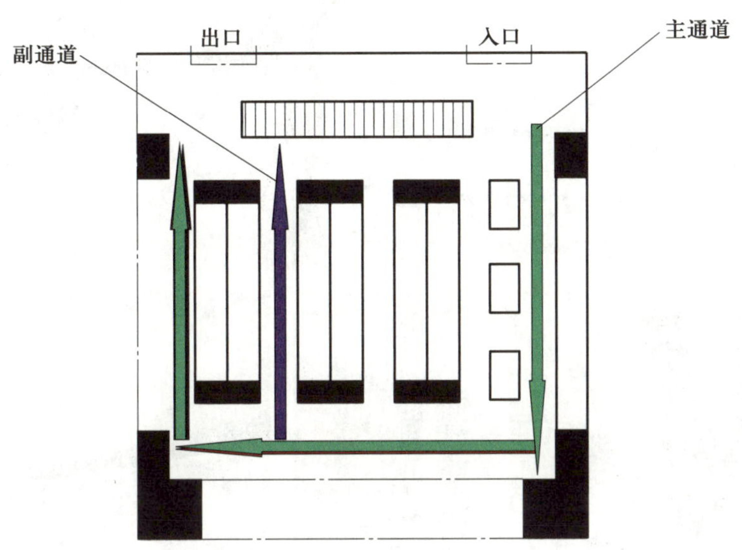

图 5–1–16　某商店“凹”字形通道设计

顾客行走至副通道两端时应可向左、向右拐，延长副通道、网化副通道可以增加顾客滞留时间，副通道宽度应在 1.2 ~ 1.5 m 之间，最窄宽度不得小于 0.9 m，收款台前的通道宽度要大于 2 m。

2. 商店地面设计

地面图案有刚、柔两种。以正方形、矩形、多角形等直线条图形组合成的图案，带有阳刚之气，比较适合经营男性商品的商店的地面；以圆形、椭圆形、扇形和几何曲线等曲线图形组合成的图案，带有柔和之气，比较适合经营女性商品的商店的地面。图 5–1–17、图 5–1–18 所示为某商场地面设计。

地面的装饰材料有瓷砖、塑胶地砖、石材、木地板以及水泥等。选择装饰材料时主要考虑的因素有商店形象设计的需要、材料成本、材料的优缺点等。

图 5–1–17　某商场地面设计（一）

图 5-1-18　某商场地面设计（二）

3. 商店补给线设计

商店补给线设计时要考虑以下两点：一是让卖场与后场补给点距离最短，提高补货便捷性；二是大件或较重商品要离补给点较近，以提高补货的便利性。补给线设计的基本要求如下：

（1）最好为单行线，要避免有过多交叉，以提高补给线的流动性。

（2）补给线宽度设计时要考虑商品的最大包装尺寸。

（3）补给线宽度设计时要考虑货车的宽度。

（4）补给线的水平面与卖场、补给点的水平面齐平。

（5）卖场与补给点的连接处要有隔断。

4. 商店色彩设计

色彩可以对顾客的心情产生影响。从视觉科学上讲，彩色比黑白色更能刺激视觉神经，更能引起顾客的注意。

零售商店里色彩设计特别明显：暖色系的货架上摆放的是食品；冷色系的货架上摆放的是清洁剂；色调高雅、肃静的货架上摆放的是化妆用品……这种色彩选择的倾向性也体现在商品本身及其包装和广告上。图 5-1-19 所示为某商店色彩设计。

5. 商店收款台配置与设计

商店收款台的数量设置应以满足顾客在购物高峰时希望能够迅速付款结算的要求为依据。大量调查表明，顾客等待付款结算的时间不能超过 8 min，否则顾客就会产生

图 5-1-19　某商店色彩设计

烦躁的情绪。在购物高峰时期，商店客流量增大，卖场内人头攒动，无形中就加大了顾客的心理压力，此时，让顾客等待付款结算的时间要更短一些。

6. 商店存包处设计

存包处一般设置在零售商店的入口处，配备 2 ~ 3 名工作人员。顾客进入零售商店时，要先存包领牌，完成购物以后再凭牌取包。目前，大多大型零售商店都配有顾客自助式的存包处，顾客在零售商店内的自动存包柜上，自己存包，自己取包，减少等待时间。不论采用何种存包方式，这项服务都应该是免费的，否则就会引起顾客的反感，直接影响到零售商店的销售业绩。

7. 商店通风设备的配置

为了保证商店内空气清新通畅，冷暖适宜，应采用通风设备，加强商店通风系统建设。通风方式分为自然通风和机械通风。采用自然通风可以节约能源，保证商店内部的空气质量，一般小型商店多采用这种通风方式。有条件的现代化大中型商店，在建造之初就普遍采用紫外线灯光杀菌设施和通风设备，以改善商店内部的空气质量，为顾客提供舒适、清洁的购物环境。

8. 气味设计

巧克力、新鲜面包、橘子、玉米花和咖啡等的气味有助于提升人们的愉悦感。花店中花卉的气味，化妆品柜台的香味，面包店的饼干味、糖果味，蜜饯店的奶糖味和干果味，商店礼品部蜡烛的香气，皮革制品部的皮革味，烟草部的烟草味等，都有利于商店空间环境建设。

9. 照明设计

商店空间的照明设计以展示商品特点、吸引顾客和美化室内环境等为目的，商店空间照明设计应符合下列要求：

（1）照明设计应与商店室内设计、商店工艺设计相协调。

（2）照度、亮度在平面和空间上均宜配置恰当，以使一般照明、局部重点照明和装饰艺术照明能有机组合。

（3）为表达不同商店的特定光色气氛和强调商品的真实性、立体感和质感，应选择显色指数、色温和照度合理的灯具。

各类商店的一般照明，在距地面 0.8 m 参考水平工作面处的推荐照度见表 5–1–1。

表 5–1–1　参考水平工作面处的推荐照度

商店或场所名称	推荐照度（lx）
百货自选商场（超级市场）的营业厅	150 ~ 300
百货商店、商场、文物字画商店、中西药店等的营业厅及选购用房	100 ~ 200
书店、服装店、钟表眼镜店、鞋帽店等的营业厅及选购用房	75 ~ 150
百货商店、商场的大门厅、广播室、电视监控室、美工室和试衣间	75 ~ 150
粮油店、副食店等的营业厅	50 ~ 100
值班室、换班室和一般工作室	30 ~ 75
一般商品库及主要的楼梯间、走道、卫生间	20 ~ 50
供内部使用的楼梯间、走道、卫生间、更衣室	10 ~ 20

10. 消防设计

商店的新建、扩建和改建，在消防设计上必须符合国家标准《建筑防火通用规范》（GB 55037—2022）的有关规定。

六、商店设计案例

图 5–1–20 至图 5–1–23 所示为面包专卖店的设计。图 5–1–20 所示为面包专卖店的地面设计，图 5–1–21 所示为面包专卖店销售平台与操作平台设计，图 5–1–22 所示为面包专卖店无脊式斜屋顶造型设计，图 5–1–23 所示为面包专卖店家具造型设计。

1. 设计思路

面包专卖店以雅黑、奶白、金属、木本色为主色调，以家庭式厨房为原型，将操作区与消费体验区完美结合。无脊式斜屋顶与共餐桌设计增加了面包专卖店的欧式风情。整体空间规划与设计以增大消费餐饮的活动区，减少来往顾客对食品的接触，提升操作区与餐饮区的特色为主要理念。该面包专卖店空间设计把空间感受留给顾客，把消费享受放在顾客眼前，真正做到了商店空间价值与各区间功能融合。

2. 设计细节

（1）地面采用哑光磨砂材质地砖装饰，奶白与雅黑的拼花设计，增加了室内的空间感。

（2）不锈钢销售平台与操作平台，突出了面包专卖店干净整洁的特色，平台置空设计突破了传统平台的设计形式。

（3）实木置物架与背景墙为木本色的，可拉近室内空间与顾客的距离。

（4）无脊式斜屋顶造型加印欧式风格瓦片，增加了室内空间的情调。

图 5-1-20　面包专卖店地面设计

图 5-1-21　面包专卖店销售平台与操作平台设计

图 5-1-22　面包专卖店无脊式斜屋顶造型设计

图 5-1-23　面包专卖店家具造型设计

第二节　服装店设计

一、服装店设计的基本理念

1. 遵循便利原则

遵循便利原则是指一切设计为了方便顾客购物，为了提升服装店人气，遵循便利原则体现在以下方面：

（1）优化店内环境，方便顾客购物。有关理论研究表明，顾客 70% 以上的购买行为都是在卖场临时产生的。优化购物环境不仅可以吸引更多的顾客，还可以刺激顾客购买欲望，是提升服装店人气的有效途径。

（2）合理摆放商品。要想布置出让人舒适的购物环境，大到卖场的整体格调和布局，小到每样服装商品的摆放，都要契合顾客的购物心理。一定要明码标价，最好将价格标在商品的左上方，以让顾客一目了然，做好“预算”。

（3）设立顾客休息处。例如，在购物区的一楼开辟专门场地并设专职人员，打造“宝宝娱乐圈”和“男士休息厅”。前者免费为顾客照顾儿童，后者则为方便女士的陪同者休息。一般的小商店没有能力提供专门的休息场地，但可设置用于休息的椅子。

2. 灯光设计要合理

一般商店的霓虹灯是灯光设计效果最佳的代表。服装店灯光的用途首先是引导顾客进入。因此，服装店内灯光的亮度要低于外部环境的亮度，以显示服装店的特性，打造幽雅休闲的环境。其次是可使服装更具吸引力，可加强顾客对服装的注意力。图 5-2-1 所示为某服装店的灯光设计。

图 5-2-1　某服装店的灯光设计

3. 风格定位要准确

服装店的形象和风格定位要从店铺的客户群分类出发。休闲服装的商店应该给人以随意、轻松的感觉，设计时可采用对比强烈的色彩和绚烂的灯光，货架的摆放要有随意又整体的感觉。女装商店的色彩要有“女人味”，采用淡蓝 + 白、红 + 白、紫红 + 白、驼色 + 白、黑 + 白等色彩组合是不错的选择；商店设计线条要流畅、纤细，灯光要柔和，可多设置些镜子。

二、服装店设计的方法

服装店设计的原则为：总体均衡，突出特色，风格合适，方便购买，能够适时调整。

1. 服装店布局

服装店布局是指服装店内的整体布局，包括空间布局和通道布局两部分。

（1）空间布局。不同的服装店空间构成不同，其面积、形态也不同，无论服装店的结构多复杂，一般来说都由三个基本空间构成：第一个基本空间是商品空间，由柜台、橱窗、货架、平台等构成；第二个基本空间是服务人员空间；第三个基本空间是顾客空间。

（2）通道布局。顾客通道布局的科学与否直接影响顾客的流动，一般来说，服装店通道布局有以下几种形式：直线式，又称格子式，是指所有的柜台互成直角摆放，以构成曲径通道；斜线式，这种形式的顾客通道的优点在于能使顾客随意查看商品，气氛活跃，易使顾客看到更多商品，增加交易机会；自由滚动式，这种形式的顾客通道是根据商品和家具的特点而设计的，货柜或独立摆放，或聚合摆放，没有固定的形式，商品销售形式也不固定。图 5-2-2 所示为某服装店布局设计。

2. 服装店立面设计

（1）天花设计。利用天花可以打造服装店的美感，天花设计还可与空间设计、照明设计相配合，打造优美的购物环境。因此，天花设计十分重要。在天花设计时，要

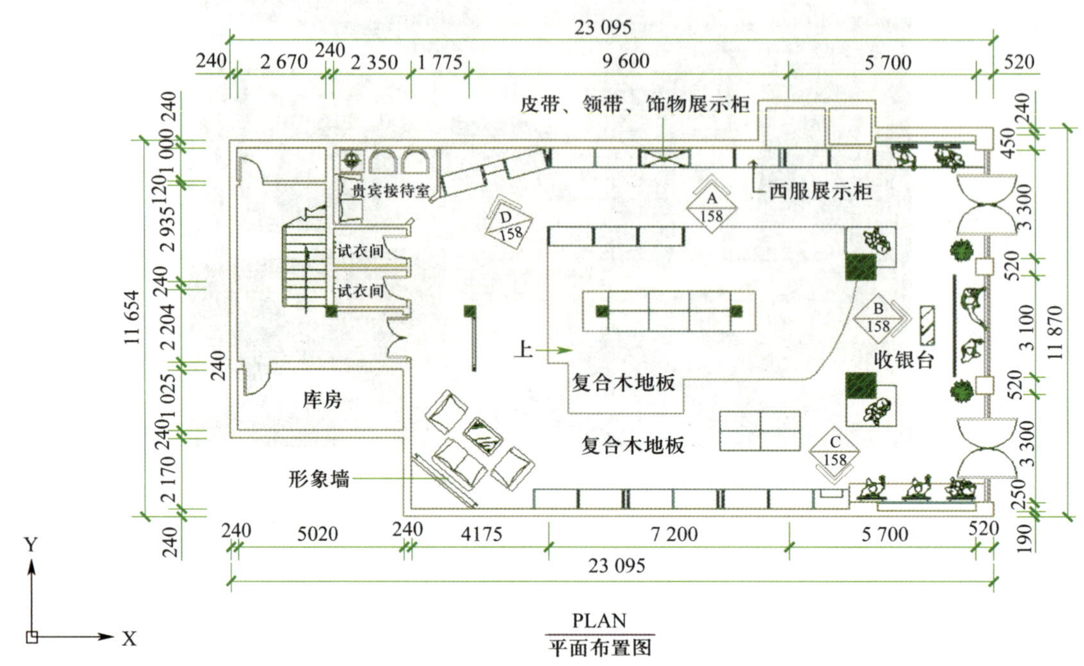

图 5-2-2 某服装店布局设计

考虑到天花的装饰材料、颜色等，特别值得注意的是天花的颜色。天花要有现代化的感觉，能表现服装店的魅力，并与整个空间设计相协调。年轻人，尤其是年轻的职业女性，一般喜欢的是干净的颜色；年轻高知男性一般喜欢有青春魅力的服装店，因此，男装店天花设计以采用原色等较淡的色彩为宜。

（2）墙壁设计。服装店墙壁设计主要包括墙面装饰材料和颜色的选择、壁面的利用。服装店的墙壁设计应与商品的色彩和风格相协调，与服装店的环境、形象相适应。一般可以在壁面上架设陈列柜，设置陈列台，安装一些简单架子等，以摆放部分服装或装饰品。

（3）地面设计。服装店地面设计主要包括地面装饰材料和颜色的选择、地面上图形的设计。要根据服装风格来设计地面上的图形。一般来说，女装店应采用圆形、椭圆形、扇形和几何曲线等曲线图形组合成的图形，这类图形带有柔和之气；男装店应采用以正方形、矩形、多角形等直线条图形组合成的图形，这类图形带有阳刚之气；童装店可以采用不规则的图形，可在地面上设计一些卡通图案。

（4）货柜货架设计。货柜货架设计主要包括货柜货架材料和形状的选择。一般的货柜货架为方形，用于陈列与摆放商品。异形的货柜货架可为空间增添活泼的线条，使服装店氛围更活泼，异形货柜货架有三角形的、梯形的、半圆形的以及多边形的等。

（5）收银台设计。服装店收银台设计要符合人体工程学，尺寸合适，一方面要方便服务人员操作计算机及收银，另一方面还要让顾客在付款时觉得舒适。收银台的材质、色彩、尺寸要与店内环境相协调。

（6）试衣间设计。试衣间的位置设计要合理，它一般在服装店的尽端或较隐蔽的地方，以让顾客在换衣服的时候有安全感。试衣间内应设置挂钩、镜子，摆放单人凳或沙发，配备拖鞋等，以满足顾客试衣服的基本需求。

（7）橱窗设计。橱窗设计是服装店设计的面子工程，它通过模特展示、灯光渲染、摆放配饰等方式吸引顾客的眼球，激发顾客的购买欲望。图 5-2-3 所示为某服装店橱窗设计。

图 5-2-3　某服装店橱窗设计

3. 服装店氛围设计

当顾客走进服装店时，只看见店内的装修，不一定会有购买商品的冲动，要使顾客产生购买冲动，店内必须有合适的氛围。顾客在服装店中停留时可以通过声音、气味、颜色等感受服装店的氛围，因此，服装店的氛围设计要使那些只是想看看的顾客产生购买欲望。

（1）色彩设计。在服装店的氛围设计中，色彩的有效使用具有重要意义。色彩与环境、商品搭配是否协调，对顾客的购物心理有重要影响。图 5-2-4 所示为某服装店色彩设计。

（2）声音设计。声音设计对服装店氛围可产生积极的影响，也可以产生消极的影响。声音的合理设计会给服装店带来好的气氛，而噪声则使服装店有不愉快的气氛。因此，服装店设计时，要在室内配置音乐播放设备，以打造愉悦的室内氛围。

（3）通风设备设计。服装店顾客流量大，空气质量极易变差，为了保证店内空气清新通畅，应采用通风设备，加强通风系统的建设，一般小型服装店多采用自然通风方式。

（4）照明设计。服装店的照明能够直接影响店内的氛围。一家照明设计良好的和一家照明设计不合理的服装店会给人截然不同的心理感受：前者让人感觉明快、轻松，后者让人感觉压抑、低沉。照明设计得当，不仅可以渲染服装店的气氛，突出展示商品，增强陈列效果，还可以改善服务人员的工作环境，提高他们的工作效率。

图 5-2-4　某服装店色彩设计

三、服装店设计案例

1. 品牌服装店设计说明

设计背景：该案例设计对象位于一座高层建筑物的一层，该品牌服装店为沿街商铺，室内通风采光好，户型方正，结构合理，层高较高。

设计要求：充分利用品牌服装的主题元素，突出品牌设计理念；立面设计要有视觉吸引力，同时体现出品牌服装店的特色；正面入口要求采用玻璃门。

2. 品牌服装店设计图样

该品牌服装店的功能区有总台、试衣间、休息区、库房、普通展示区等。该品牌服装店设计图样如下：

（1）平面布置图如图 5-2-5 所示。

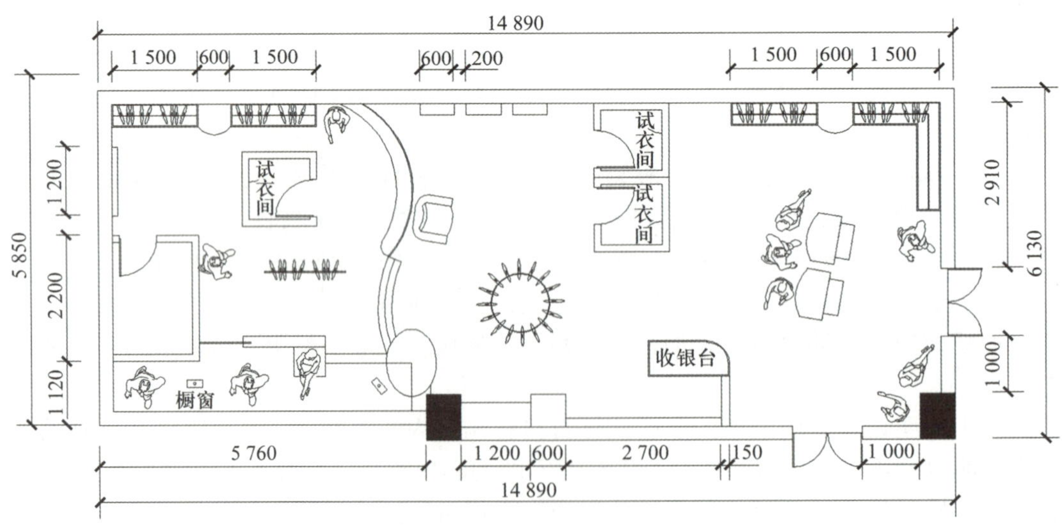

图 5-2-5　平面布置图

（2）通道动线图如图 5-2-6 所示。

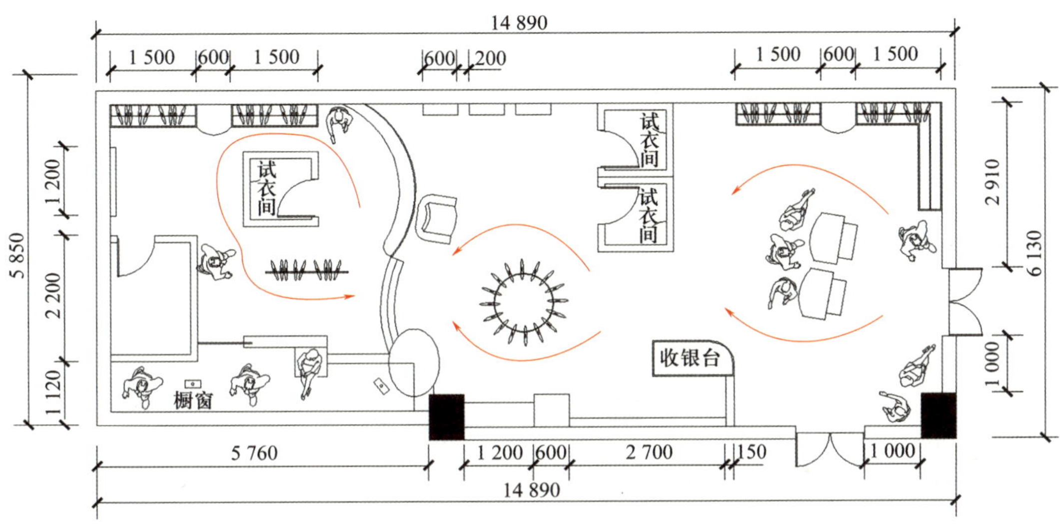

图 5-2-6　通道动线图

（3）休息区布置如图 5-2-7 所示。

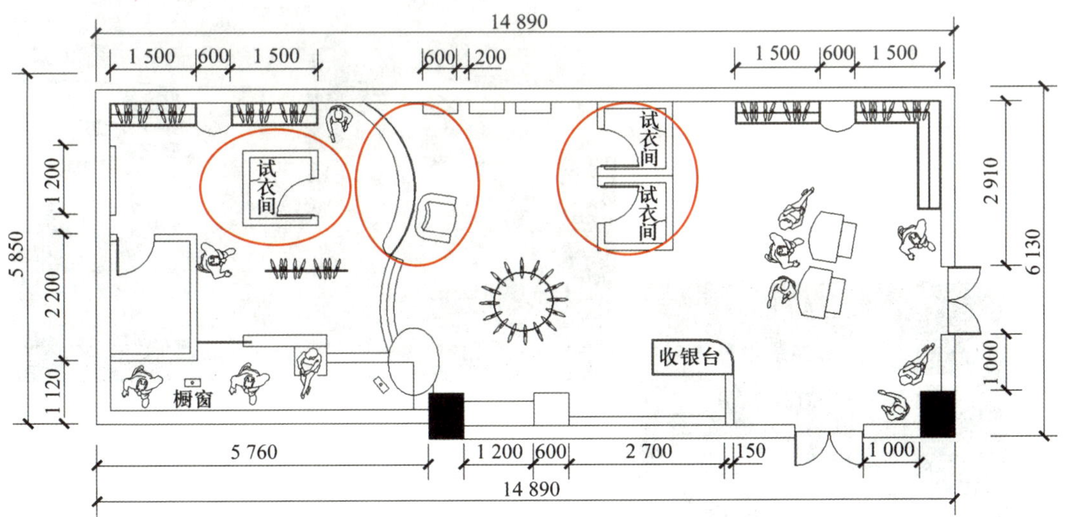

图 5-2-7　休息区布置

（4）天花布置图如图 5-2-8 所示。

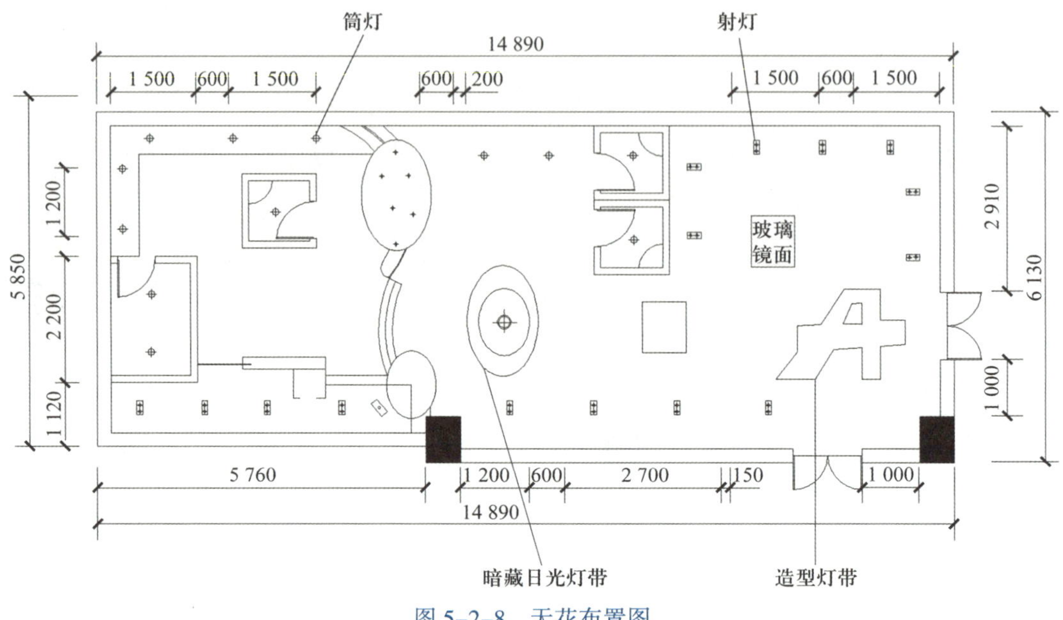

图 5-2-8　天花布置图

（5）设计意向图如图 5-2-9、图 5-2-10、图 5-2-11 所示。

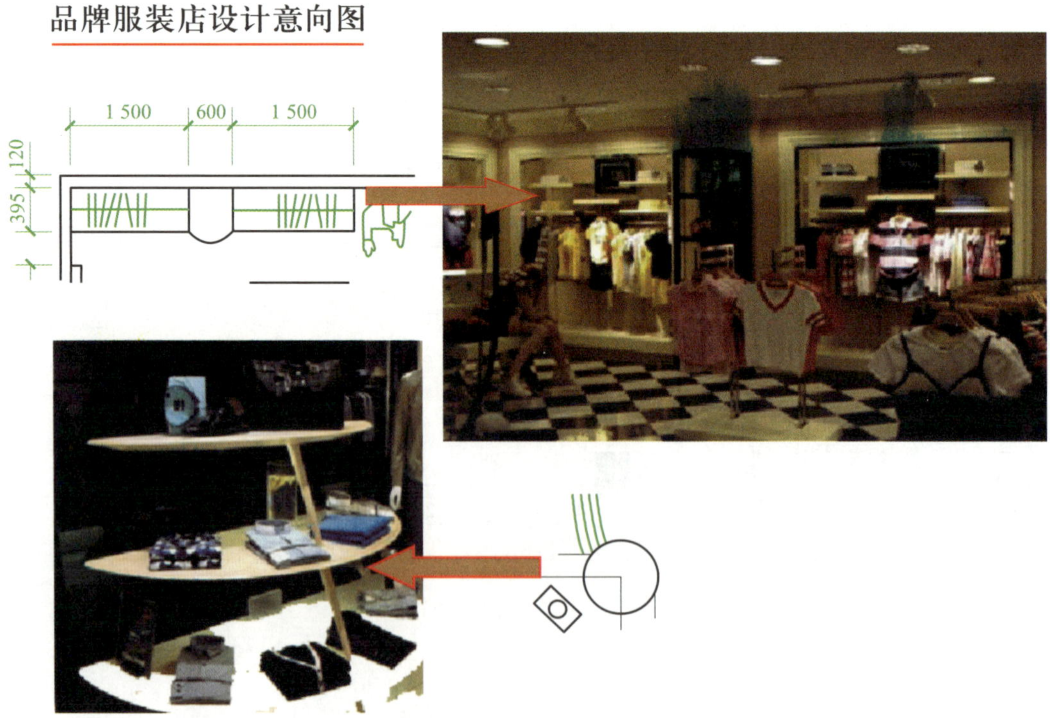

品牌服装店设计意向图

图 5-2-9　设计意向图 1

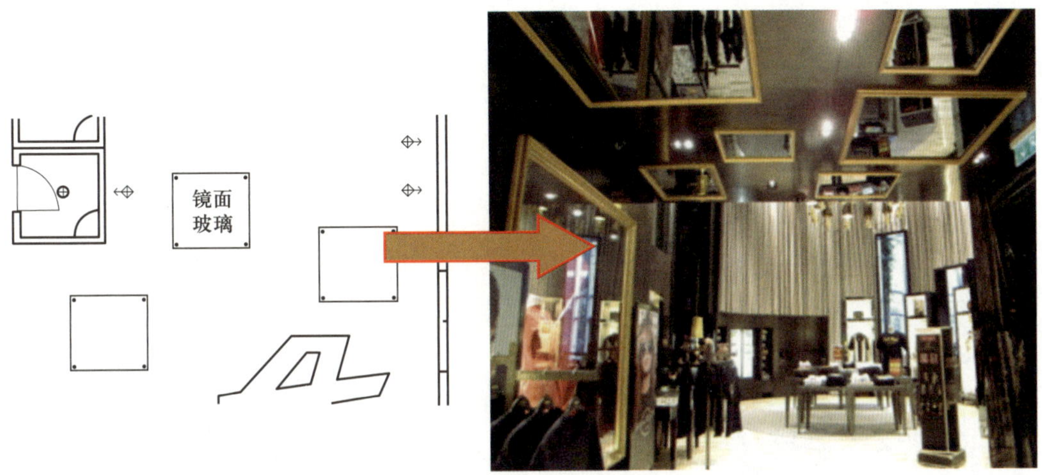

图 5-2-10　设计意向图 2

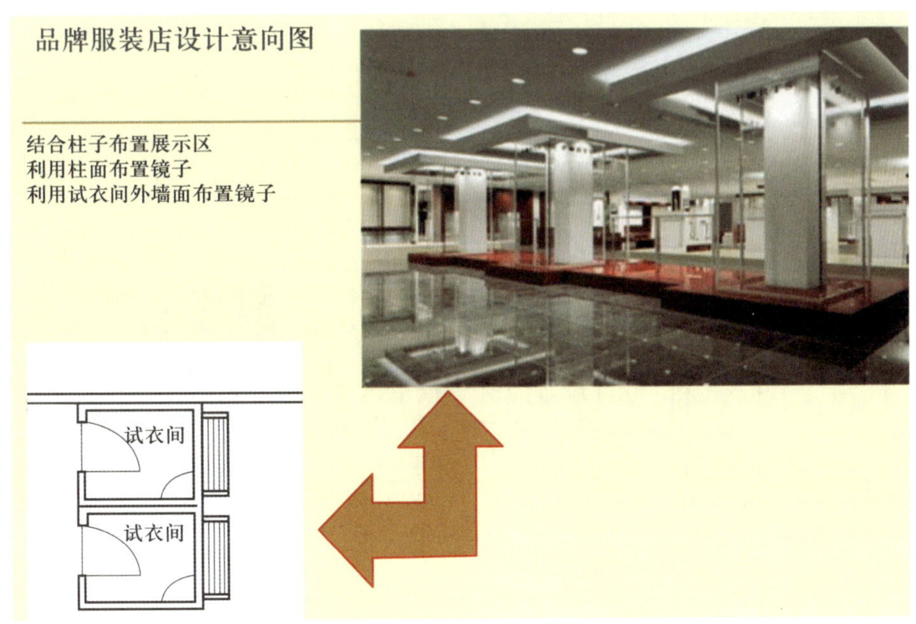

图 5-2-11　设计意向图 3

（6）立面设计如图 5-2-12、图 5-2-13 所示。

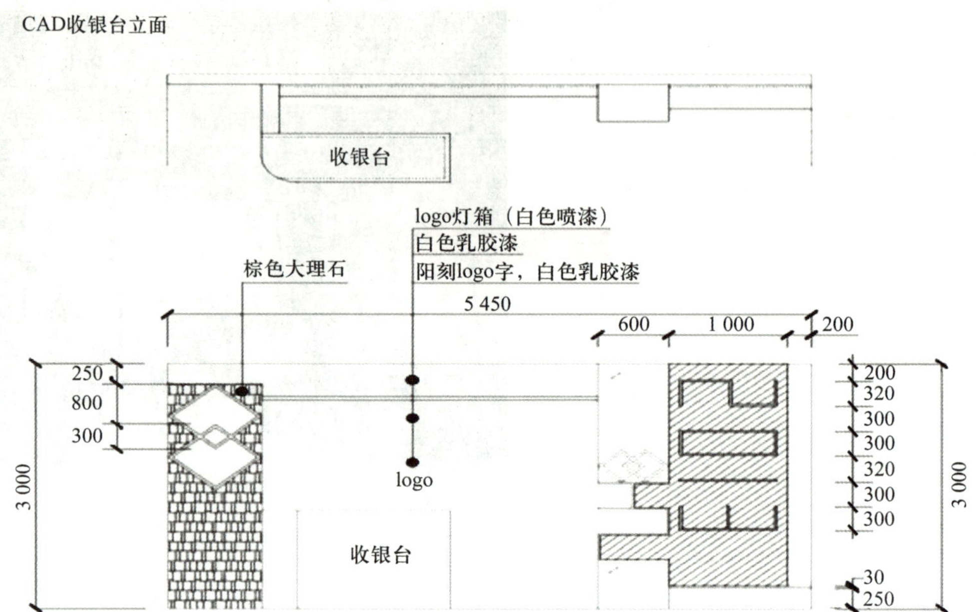

图 5-2-12　收银台立面设计

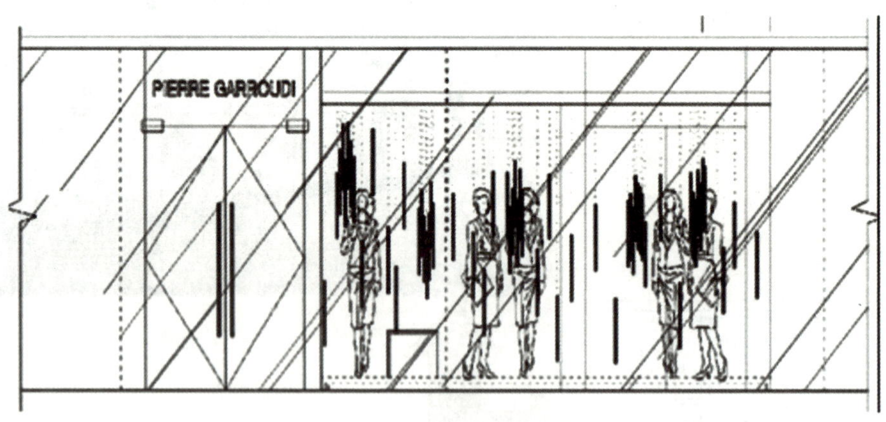

图 5-2-13　服装店外立面设计

（7）店内设计效果图如图 5-2-14 所示。

图 5-2-14 店内设计效果图

第三节 书店设计

一、书店设计的基本理念

书店作为商店的一种，在设计上遵循一般商店设计的基本原则，如功能区一般也分为通道区、展架区、收银台等。但是，书店作为销售精神文化商品的商店，在设计上应更注重文化性、展示性、便利性等，同时要更注重艺术氛围的创造。

书店设计最终体现的是经营者的思想，经营者的理念——这个空间不仅仅是销售图书的空间，还是一个充满人文气息、节奏上不疾不徐、细节上周到细致、能够给人们带来全方位文化体验的空间。概括来说，书店设计要有格调、有层次，能给人们带来精神享受。书店设计的要求主要有以下几点。

1. 要做到“三个尊重”

书店设计要做到“三个尊重”：尊重读者、尊重图书、尊重环境。其中，对图书的尊重和对环境的尊重，是尊重读者的具体体现。尊重读者必须体现在书店设计的全过程中，方便读者要优先于方便管理。读者、图书、环境是一体的，不重视其中任何一个元素，都可能对整体空间设计产生不利影响。“尊重图书”必须“以书说话”，书架的设计要充分考虑各个类别图书的特征，可考虑在不同区域摆放不同特征的图书。书店用的书架有 40 余种类型，音像区和少儿文教区可选用不同材质和颜色的书架。

2. 要做好照明设计

大部分书店，不论规模大小，对照明设计的要求都很高。书店是最需要明亮光照的地方，读者在阅读、选择图书的过程中，没有足够的照明是很痛苦的。

3. 书架设计要讲究

一是要采用木质书架，不要使用金属的或玻璃的，木质书架可带来一种亲和力；二是要讲究书架宽度和高度，木质书架的宽度不宜超过 900 mm；三是要考虑书店日后的变化与发展。有些书店将书架按不同区域、不同图书类别设计成不同颜色，这是不好的做法，因为书架上摆放的图书永远处于变化之中，图书的数量、类型的变化不会停滞，书架颜色固定后其适用性会变差。

4. 通道设计要合理

书店的主副通道设计，要在一个平面上通盘考虑，以形成回路。没有回路，读者在一个面积大的书店中容易迷失方向。通道设计前，要计算可能的客流量，以设置主副通道的宽度。书架之间的距离一般不小于 1 200 mm，以给读者留下足够的流动空间。

图 5-3-1 所示为广州北京路的新华书店，店内通道规划合理，色彩沉稳大气。

图 5-3-1　广州北京路的新华书店

5. 设计要专业

国内最早采用专业设计的大型书店是北京三联韬奋中心，其次是上海书城（见图 5-3-2）。1998 年年底开业的上海书城，改变了人们对书店的印象。

上海书城为我国书店设计提供了新思路。此后，书店经营者开始明白书店是需要设计的，而书店设计并不等同于商店、酒吧设计。从专业角度来说，书店与商店、酒吧等从属于不同的行业。书店整体由细节组成，书店设计思想由细节体现。书店设计需要思想先行，特别是在细节的处理上，不讲究细节的书店设计，即使有思想，也无法清晰表达出来。

图 5-3-2　上海书城

二、书店设计的方法

1. 设计前准备工作

（1）明确市场定位。设计师在进行书店设计前必须明确书店的市场定位，特色是书店的生命。设计师要根据书店经营图书的类型、位置、现有和潜在的消费群体特征及其消费习惯与品位设计书店的风格。

（2）做好市场调研，为设计提供依据。调研是各种相关信息收集的过程，可以采用多种方式进行，比如请相关的公司调研、自己调研等，市场调研可分为立地调研、商圈调研和市场调研三种。

1）立地调研是指以营业地点为中心的调研，也就是了解营业所在地周边的商业形态。可对书店营业地点周边的商业形态，如书店门前各时段的人流量、人流的组成、人流的目的地、人流方向、车流量、车流的目的地、车流方向、停车的方便程度、距离公共交通工具站点的距离、公共交通工具的运营时间等进行深入了解，并加以分析。

2）商圈调研是指以营业地点为中心，以一定距离为调研半径，对商圈内的商业形态进行调研。商圈的调研范围与书店面积的大小、营业内容以及当地人们的消费习惯有关，也就是根据书店的影响力划定商圈。当然也可以书店所在的商业区为商圈进行调研，例如以书店所在的商场为商圈进行调研。

3）市场调研是指针对特定目标或事物做调研。这些目标或事物不一定在商圈内，但往往是有代表性的、有话题性的，甚至是有趋势性的。

2. 动线设计及功能区划分

设计师要与书店经营者充分沟通，并共同做好前期的市场定位及市场调研，在此基础上再着手设计书店空间。书店设计的重点是动线设计及通道区、书架区、阅读区、收银台、进出口、附属商业区等功能区的划分。

在经营者确定自己经营的图书品种后，设计师要依照书店面积来确定各品种图书所占的面积，然后再进行动线设计和其他功能区划分。在具体设计时需要注意以下几点：顾客通道一般要求两个人擦身而过时不感到拥挤即可，一般宽度不小于 0.8 m；100 m^2 以下的书店，收银台占地面积以不超过 1.5 m^2 为宜，高度为 0.75 m 左右为宜，过高会使顾客有疏离感；书店卖场最好设置一个方便看管的位置，站在这个位置能够看到整个卖场的情况。高的书架不要放置在阻挡视线的地方；书架的进深以 0.75 m 左右为宜，太深的话隔板容易被书压弯。书架的摆放应遵循从外向里书架逐渐增高的原则，这样做视觉效果好而且能存放更多的图书，也能给顾客一种视野开阔的感觉。

新书与畅销书是吸引顾客注意力的重要元素，其摆放位置一般都应设置在图书区最前端或最接近书店门口的地方。图 5-3-3 所示为某小型书店平面布置图。

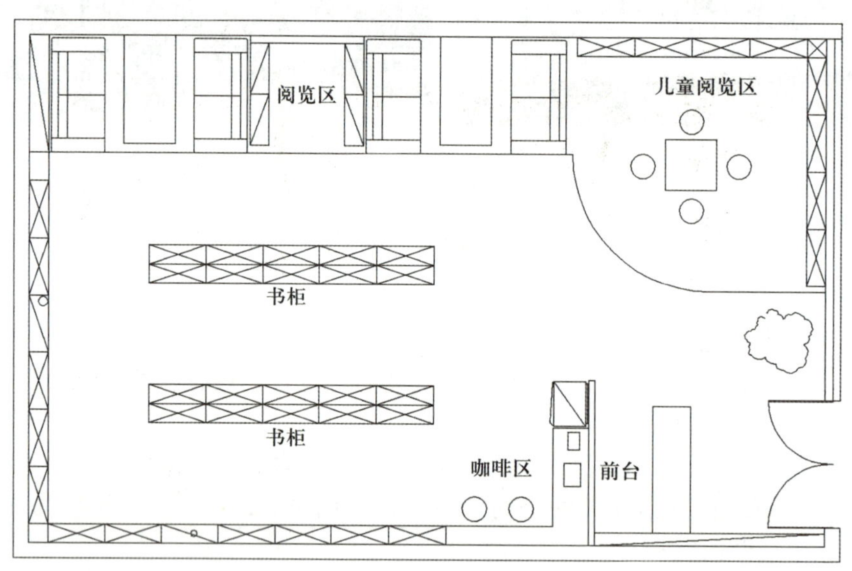

图 5-3-3 某小型书店平面布置图

3. 书架设计

图 5-3-4 所示为书店书架设计。书架设计是一门学问，书架设计得好，可以充分利用空间，增加图书陈列量，顾客在选择图书时感到舒适、方便；也可以让整个书店有整齐感与丰富感，进而激起顾客的购买欲望。所以，设计师要针对各种图书的尺寸、陈列特性、人们的购买习惯，以人体工程学为依据，进行书架设计。另外，设计师还要注意中心书架和卖场四周书架的高度，中心书架的高度不能遮挡人们的视线，四周书架不要太高，否则会为顾客拿取图书和工作人员作业带来不便。

图 5-3-4　书店书架设计

书架在材质的选择上应以木质为主，部分背架可由钢木构成，以打造高雅而厚重的氛围。部分书架托板可有 20° ~ 30° 的倾斜，少儿图书书架托板应圆润平滑、无锐利边缘。书架的颜色可以胡桃木色为主，各图书摆放区域可根据图书风格配米色、红色、蓝色的书架，书架的风格要与卖场天花、地面风格相协调。图 5-3-5 所示为某书店的书架风格设计。

图 5-3-5　某书店的书架风格设计

4. 其他元素设计

书店设计是一项较复杂的工程，除了上面提到的一些设计元素外，还有很多决定书店设计效果的其他元素，如灯光、绿化、休息区等。

（1）灯光。书店卖场灯光的照度应在 500 lx 左右，至少不能低于 400 lx，否则会影响人们的阅读体验。在灯光明亮的同时，还要考虑阅读区与休息区、通道灯光强弱的变化，冷暖光的交错使用。图 5-3-6 所示为某书店灯光设计。

（2）绿化。书店内摆放绿植既可点缀环境，又可活跃气氛，绿植对空间设计有画龙点睛的作用。书店中一般摆放一些易于打理的大叶型植物，如芭蕉、铁树等。

图 5-3-6　某书店灯光设计

（3）休息区。书店应当提供适当的休息区，以提高人们阅读的舒适性。在功能区划分阶段，可直接划定休息区。图 5-3-7、图 5-3-8 所示为某书店休息区设计。

图 5-3-7　某书店休息区设计（一）

图 5-3-8　某书店休息区设计（二）

三、书店设计案例

1. 猫的天空之城书店设计

图 5-3-9 所示为猫的天空之城书店设计。该书店是经营书籍、明信片、杂志以及手绘工艺品等的概念书店，格调清新文艺。

店里分为三个区域，分别是图书摆放区、阅读区、自制奶茶售卖区。

图书摆放区：摆放图书的书架都是木质的，墙上还设有一些木格子，增加了书店的趣味性。此区域的灯光比较暗，增加了店内温馨的气氛。

阅读区：该区域灯光温暖明亮，能让人精力充沛、注意力集中。阅读区地板为木质地板，其中摆放了一些桌子和椅子，供人们阅读时使用。

图 5-3-9　猫的天空之城书店

2. 其他书店设计案例

图 5-3-10 所示为人性化书店设计，该书店室内空间的各个构成元素设计都以人为出发点，注重人的体验。图 5-3-11 所示为某绘本馆设计，该绘本馆的目标读者是儿童，馆中曲曲折折、层层叠叠的异形书架设计，营造出了梦幻般的儿童阅读乐园。图 5-3-12 所示为美国洛杉矶“最后”书店设计，巨大的空间、超高的层高以及典雅的立柱营造出了完美的阅读空间；图书摆放层次分明，阅读空间宽敞，搭配充满个性的书架，该书店被评为世界最美书店之一。

图 5-3-10　人性化书店设计

图 5-3-11　某绘本馆设计

图 5-3-12　美国洛杉矶“最后”书店设计

第四节　综合实训

一、项目概况

为某服装店进行空间设计，该服装店建筑平面图如图 5-4-1 所示。

二、背景信息

服装店建筑面积为 115 m^2，服装店店内层高为 3 m。该服装店位于商业繁华地段，商圈人流量大。服装店经营品牌为年轻时尚的男装品牌。

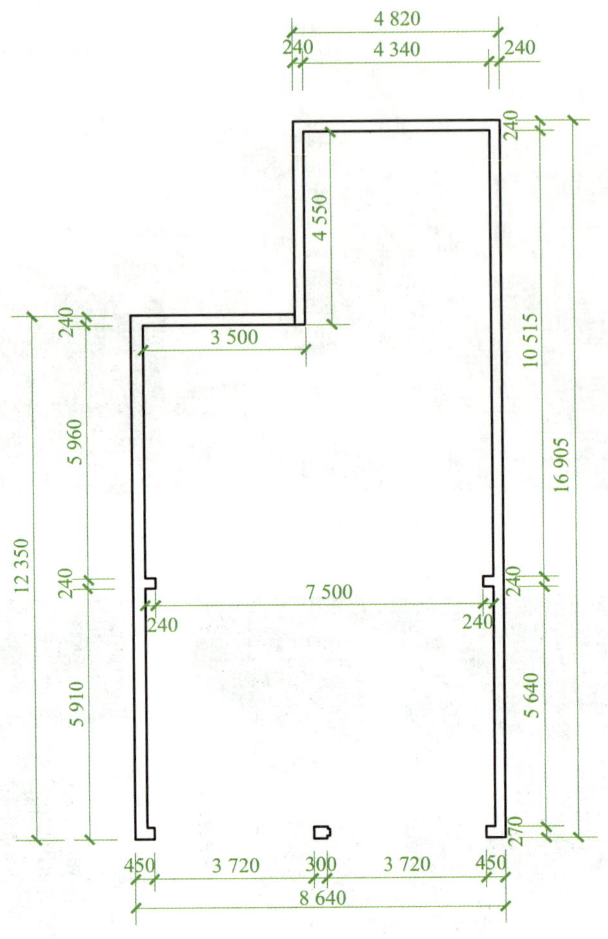

图 5-4-1　某服装店建筑平面图

三、设计要求

1. 功能区要包括休息区、收银区、试衣区、仓储区、橱窗展示区、商品陈列区等。
2. 服装店空间设计风格要与其经营的服装风格相契合。
3. 通道设计要合理。

1. 调研市场中各类服装店设计的风格并撰写调研报告。

2. 通过查找资料，选择一家店面作服装店，根据店面的建筑面积、结构等，完成服装店的空间设计。

3. 通过查找资料，选择一家店面作书店，根据店面的建筑信息等，完成书店的空间设计。

第六章 餐饮空间设计

学习目标

1. 了解餐饮空间的分类以及设计原则。
2. 了解餐饮空间的功能区及功能区划分注意事项。
3. 能掌握前厅、大堂、包厢的设计方法。
4. 能对餐饮空间设计作品进行分析、评价。

第一节 餐饮空间设计概述

一、餐饮空间的分类

餐饮空间设计主要是指各类餐厅的内部空间设计。餐饮空间主要由餐饮区、厨房区、配套设施区、衣帽间、门厅或者休息前厅等部分构成。餐饮空间各个组成部分按照某种关系有机地组合在一起。

餐饮空间是能充分体现设计个性的空间之一。每个餐饮空间都有其风格与主题，而这个主题又与餐厅经营的菜系息息相关。充满格调的餐饮空间能体现生活的哲理。图 6–1–1 所示为充满格调的餐饮空间。

餐饮空间可分为中式餐厅、西式餐厅、主题餐厅、火锅店、茶餐厅、茶馆、快餐厅、烧烤店、日式餐厅、咖啡厅等。

1. 中式餐厅

中式餐厅是指提供中式菜点、饮料和服务的餐厅，这类餐厅主要经营粤、川、鲁、浙、湘、徽、闽、京、沪等菜系，它们除了能满足顾客进餐的需求外，还能为顾客提供交际应酬、宴会、家庭聚餐等的场所。

中式餐厅设计美观雅致，宽敞整齐，讲究主次分明、疏密有致，常采用圆形、方形餐桌，中式座椅，屏风，花架等；空间色彩淡雅、协调统一，在装饰细节上追求精雕细琢、精益求精，装饰品常采用字画、木雕等。中式餐厅设计不仅能够体现出中国传统文化的古典美，还能展现出中国文化的独特魅力。图 6–1–2 所示为中式餐厅设计。

图 6-1-1　充满格调的餐饮空间

图 6-1-2　中式餐厅设计

2. 西式餐厅

西式餐厅一般以刀叉为餐具，菜品以西式菜为主，多使用长方形餐桌。西式餐厅的室内空间设计风格多为欧式风格或现代简约风格。图 6-1-3 所示为西式餐厅设计。

图 6-1-3 西式餐厅设计

3. 主题餐厅

主题餐厅是指菜品设计和室内空间设计均围绕某一主题的餐厅，餐厅内的一切都为主题服务。图 6-1-4 所示为主题餐厅设计。

图 6-1-4　主题餐厅设计

二、餐饮空间设计的原则

1. 提高环境的舒适性

有人对到麦当劳餐厅就餐的人做过一次调查，调查他们前来就餐的原因——是喜欢食物的味道、喜欢餐厅环境、认为食物安全卫生，还是另有其他原因，结果是他们大多喜欢餐厅环境。图 6-1-5 所示即为麦当劳餐厅设计。这说明，人们来到餐厅，除了要获得物质方面的享受，还要获得精神方面的满足。因此，餐厅设计时，应尽量创造出一个舒适、明快、安全、卫生、让人身心愉快的环境，以使客人能在令人愉悦的氛围中从容就餐，得到休息，或者进行交友、洽谈等活动。

图 6-1-5　麦当劳餐厅设计

要想提高环境的舒适性，就要合理规划顾客通道和服务通道，菜肴的出口和回收餐具的入口最好分开，以遵守洁污分流的原则；要有较多的席别和丰富的空间层次，使大的客人群体和三三两两的散客各有去处，喜欢热闹者和独享清静者各得其所；要有绿化、水景、石景等多种自然景观和人文景观，使客人在就餐时有景可看。餐厅应有良好的吸音设计，以避免使这个人流量本来就大的场所更显嘈杂。

2. 符合“体验经济”的理念

“体验经济”是一种新的消费理念，其基本含义是人们在消费中不仅能够获得物质形态的商品，还能享受有趣的体验过程。与一般消费理念不同的是，它不仅重视消费的结果，还格外重视消费的过程。说得通俗一点，一般消费是“花钱买商品”，“体验消费”则是“花钱买体验”“花钱买过程”。

体验经济是商品经济、产品经济、服务经济之外的第四种经济模式。它以环境为舞台，以商品为道具，以消费者为中心，开展让消费者难忘的活动，追求让消费者参与其中，以使消费者在参与中得到充分的体验。

以凯撒宫酒店（见图 6-1-6）为例，该酒店餐厅有意大利大理石铺装的地面，有古罗马的“士兵”不停地巡逻，在灯光、音乐的配合下，“凯撒大帝（雕像）”还不时发表演讲，人们犹如置身于古罗马集市一般，可以非常深切地体验到古罗马文化。可以这样说，来这种酒店的餐厅就餐，寻求刺激、进行体验是主要的，就餐似乎退到次要的位置了。

3. 在满足基本要求的前提下突出特色

特色是设计的闪光点，也是吸引消费者的关键。特色可以从许多方面体现出来：

（1）地方特色。例如，东北餐厅将座位设计成东北火炕的样式，并以东北农村常见的花布装饰；湖南餐厅以湘绣做装饰品，用湖南盛产的竹藤做桌椅；杭州餐厅以西湖风光做壁挂，以船桨、鸟笼做装饰品等。

（2）历史特色。例如，绍兴咸亨酒店的设计师以鲁迅所写的小说为背景，设计了餐厅的环境和桌椅，如图 6-1-7 所示。

图 6–1–6　凯撒宫酒店

图 6–1–7　绍兴咸亨酒店

（3）民族特色。例如，傣家餐厅以傣家竹楼为设计蓝本，餐厅设计时用傣族居民家中常用的竹筒席装饰界面，用竹桌、竹椅做餐桌、餐椅等。

图 6–1–8 所示为日式餐厅的包间设计，该包间设计造型简洁，工艺精细，木质推拉门、杉木与纸巧妙搭配制成的灯、浮世绘、原木餐桌、竹席和一排整齐的榻榻米等，无一不与日本传统文化有联系。

图 6–1–8　日式餐厅的包间设计

4. 有创新意识

如今，各种各样的主题餐厅深受人们喜爱，如表现农村风光的“农家庄”餐厅，以各式钱币装饰墙面的“钱币餐厅”，用与足球有关元素装饰的“足球酒吧”等。

美国的热带雨林餐厅就是知名的主题餐厅，如图 6–1–9 所示。热带雨林餐厅的就餐区到处是茂密的树干和枝叶，树丛中用计算机控制的仿真大象和黑猩猩不断地变换

姿态，还不时发出令人震惊的怪叫声。热带雨林之中，还有逼真的电闪雷鸣和暴雨声，人们在其中甚至能闻到花草的香味，似乎真的身处热带雨林中。

图 6-1-9　美国的热带雨林餐厅

六合家宴位于广州珠江新城，是一家经营精品潮汕菜的岭南风格的餐厅，它的整个餐厅设计以新岭南装饰风格为主导，追求一种新东方的餐饮空间设计理念。图 6-1-10 所示为六合家宴的餐厅设计。

图 6-1-10　六合家宴的餐厅设计

5. 体现多功能性

现代社会是一个高效率、快节奏的社会，从经营角度出发，也从消费者需求的角度出发，餐厅最好能有较强的灵活性和适用性，以便能够满足组织多种活动的需求。因此，餐厅内可设一些启闭灵活的隔断，必要时利用隔断可将大餐厅划分成大小不等的若干部分。

三、餐饮空间的布局

1. 功能区划分

餐饮空间的功能区划分是餐饮空间设计的重要内容，主要功能区包括前厅、大堂、包厢、服务区等。餐厅经营特色不同，其功能区划分方式不同。图 6–1–11 所示为常德柳叶情餐厅的功能区划分示意图，图 6–1–12 所示为某餐饮空间功能区划分示意图。

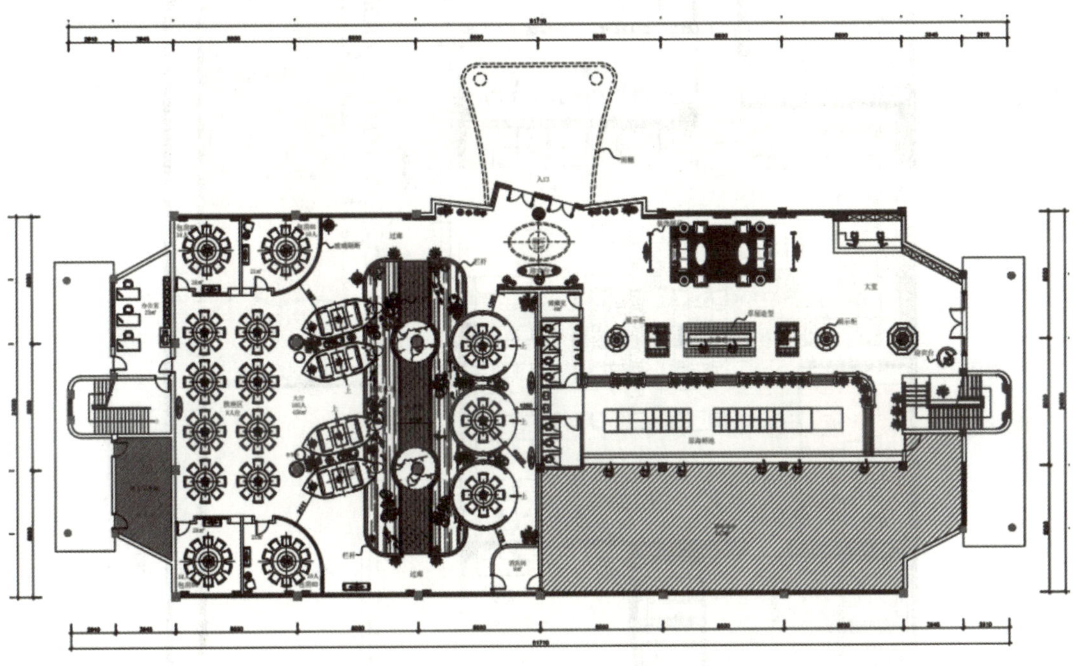

图 6–1–11　常德柳叶情餐厅的功能区划分示意图（设计师：许容萍、冯锦华）

2. 功能区划分注意事项

（1）餐饮空间功能区划分时要注意以下几点：在总体布局时，应把入口、前厅作为第一空间序列，大堂、包厢作为第二空间序列，卫生间、厨房及库房等作为最后一组空间序列。按此序列设计餐饮空间，可使其动线清晰，能减少各功能区之间的相互干扰。

（2）餐饮空间通道设计时要注意以下几点：一是餐饮空间的通道设计应流畅、便利、安全，能够方便顾客流动。二是通道标识要简单易懂。三是服务通道不宜过长，同时应避免服务通道穿插于用餐空间中。四是尽量避免顾客通道与服务通道交叉。五是动线宜为直线，要避免弯折过多。六是服务通道讲究高效，原则上通道越短越好，并且同一方向的通道不能太集中。图 6–1–13 所示为某餐饮空间通道设计。

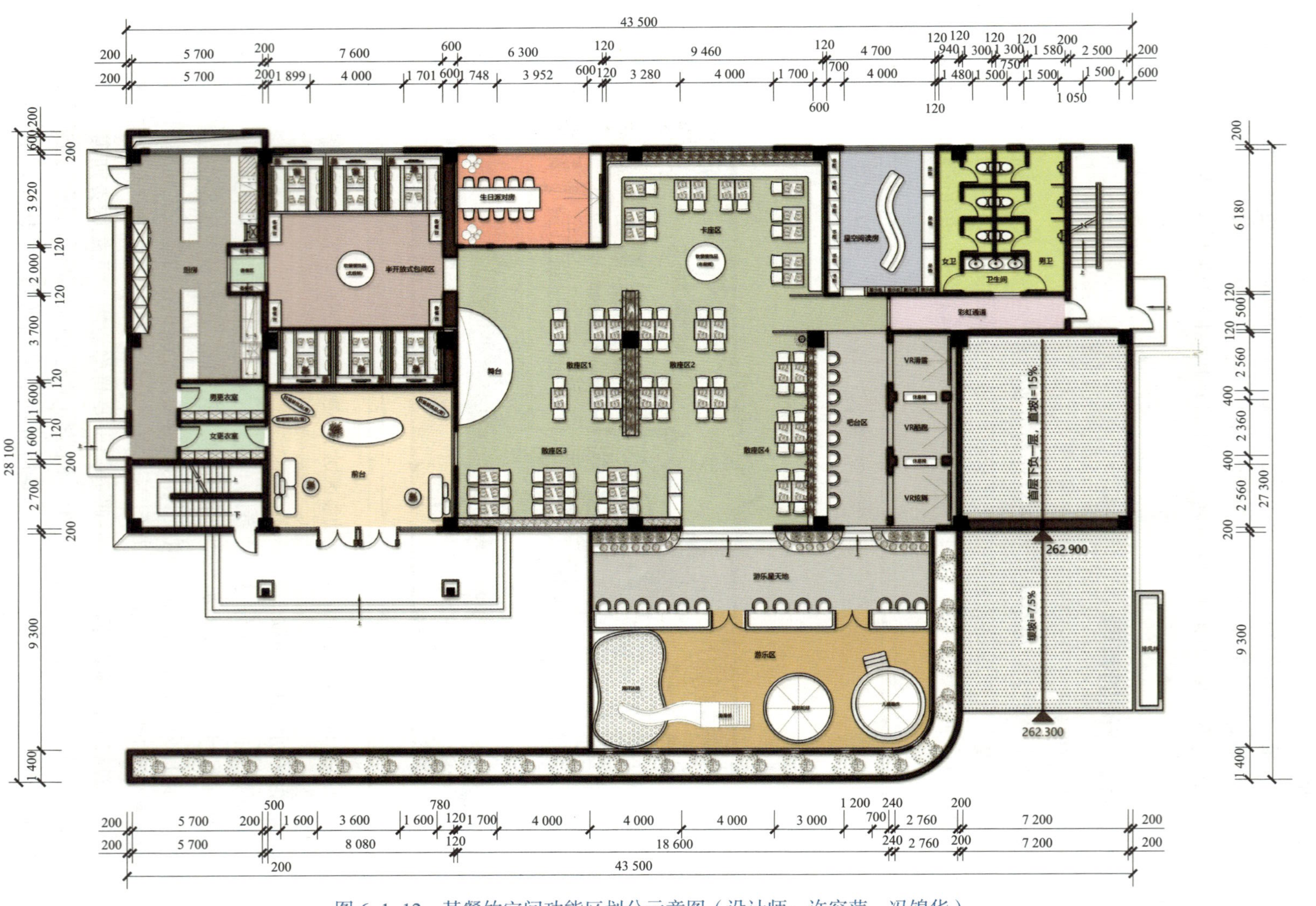

图 6-1-12 某餐饮空间功能区划分示意图（设计师：许容萍、冯锦华）

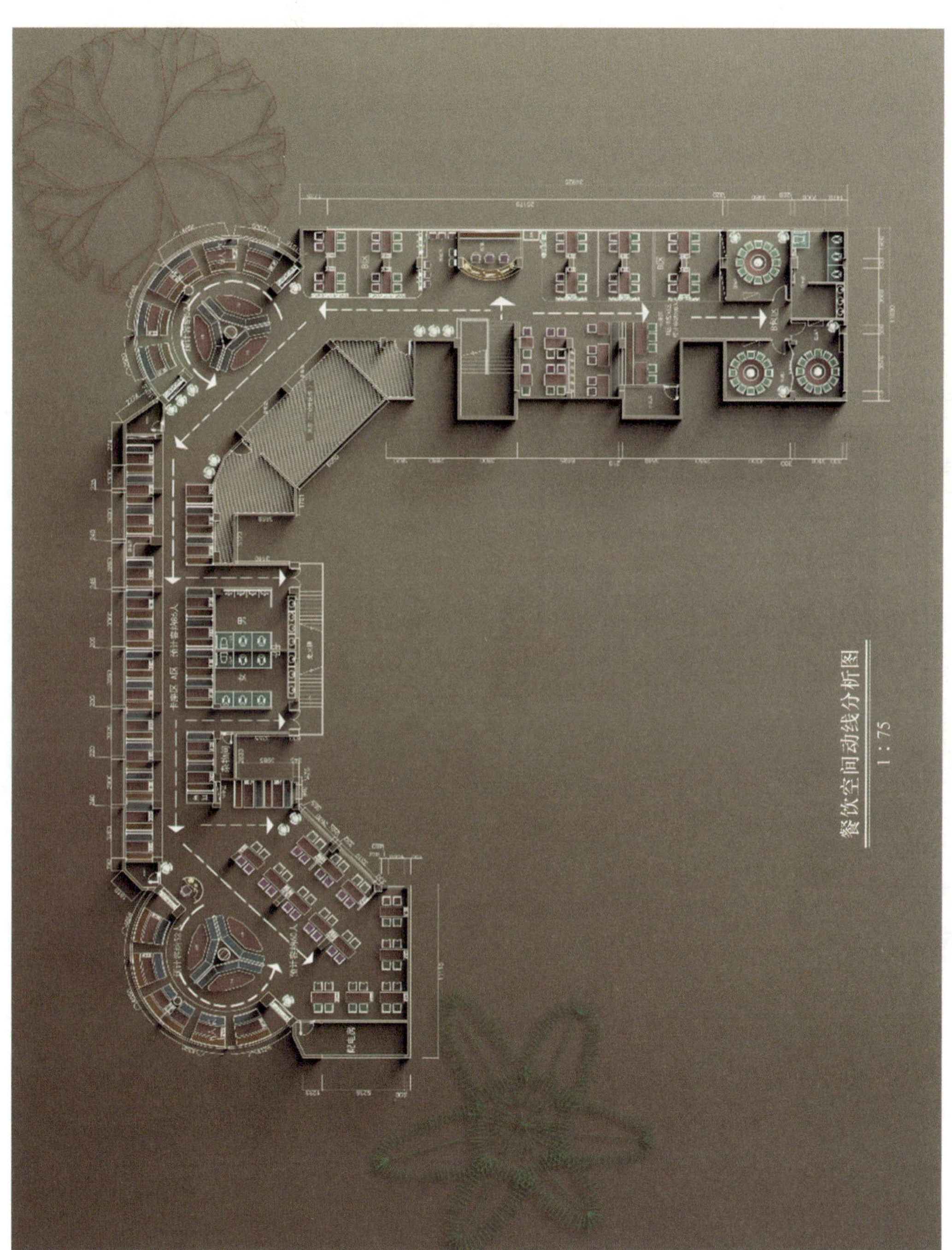

图 6-1-13 某餐饮空间通道设计

四、餐饮空间设计案例

该案例展示的是东川品阁——日式餐饮空间的设计方案（设计师：戴贵毅），该餐厅消费人群主要为商务人士、年轻人、游客等。餐饮空间设计以“木和石”为主题。

该餐饮空间设计主要是通过装饰的格调来展现主题，个性化的装饰材料、贴切的色彩搭配、独特的空间造型、恰当的灯光氛围等使餐饮空间主题突出、鲜明。图 6-1-14 所示为该餐饮空间功能区划分示意图，图 6-1-15 所示为该餐饮空间各功能区的设计效果图。

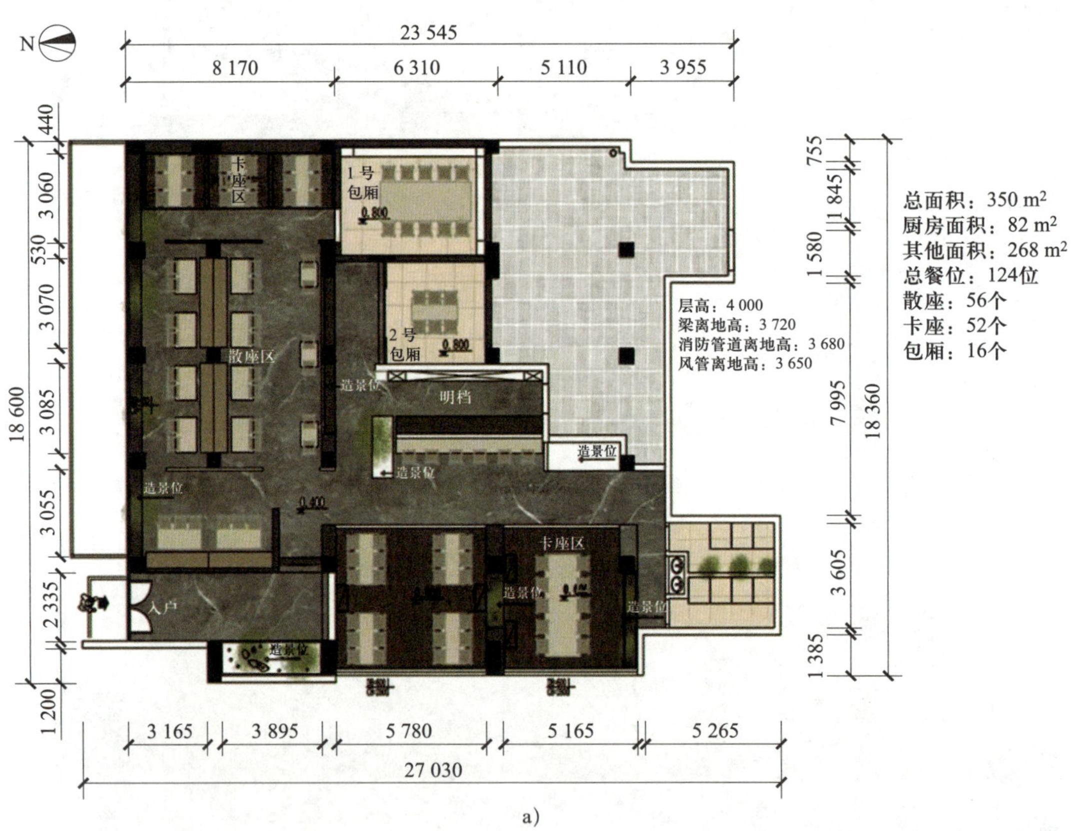

a)

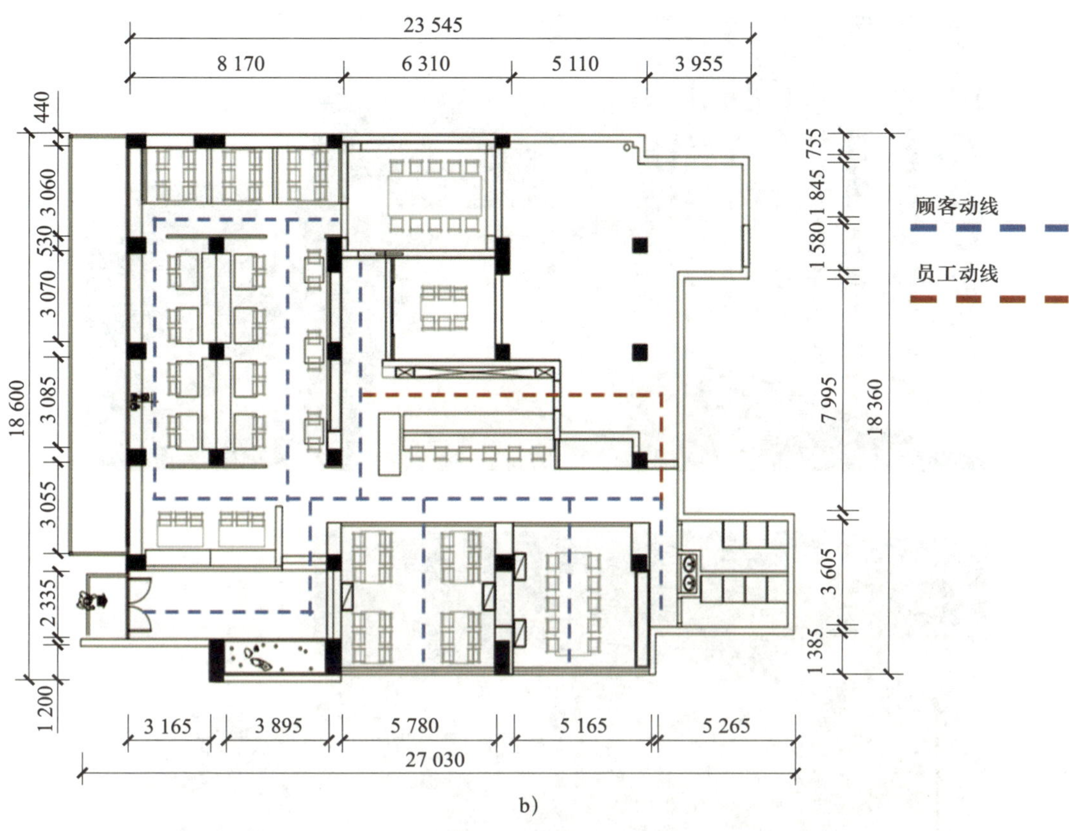

b)

图 6-1-14　功能区划分示意图

a)

b)

c)

d)

e)

f)

g)

图 6-1-15　各功能区的设计效果图

第二节 前厅设计

一、前厅设计的基本原理

1. 前厅设计概述

前厅是顾客进入餐饮空间后最先接触的地方，也是确定顾客和餐饮空间关系的地方。在顾客使用餐饮空间期间，前厅始终和顾客保持联系。

前厅是餐饮空间内外联系的总枢纽，顾客最先和最后接触的都是前厅；餐饮空间的进出流量由前厅控制，前厅工作人员负责顾客的接待工作。前厅是餐饮空间的门面担当，肩负着给顾客留下深刻的第一印象的重要使命。图 6–2–1 所示为某餐饮空间的前厅设计。

图 6–2–1　某餐饮空间的前厅设计

前厅的功能区包括前台收银处、接待处、等候区、通道、大厅等。

2. 前厅设计的内容

（1）视感。视感设计包括标识和立面的亮度、空间的色彩、视觉空间（通过镜面或隔断的移动、固定来增大或减小空间）、天花板的高度、艺术墙、窗帘饰品、餐桌位置等的设计，如图 6–2–2 所示。

图 6–2–2 前厅视感设计

（2）听感。听感设计包括混音系统、隔音墙的设计。

（3）触感。触感设计包括地板质感（采用大理石、瓷砖、地毯或木地板等）、餐椅质感（木质、金属、皮革或织物材质）的设计，桌面、玻璃器皿、餐具等的选用。

（4）动线。动线设计包括从前厅到餐桌的路线、前厅排队等候线等的设计，如图 6–2–3 所示。

图 6-2-3　前厅动线设计

二、前厅设计的方法

1. 迎宾台

中等或大型的餐厅内都会设置迎宾台，迎宾人员的任务就是招呼顾客并将其引到座位上。迎宾台设在餐厅主入口处，有雨篷时或在南方地区，可以设在餐厅入口外；无雨篷时或在北方地区，可以设在餐厅入口内。迎宾台体量一般较小，往往只在其上摆放一些鲜花和纸巾等即可，它的主要作用是引起顾客注意，也是迎宾岗位的标志。

2. 休息区

前厅是餐厅入口和大堂之间的一个过渡空间，一般餐厅会在前厅设置休息区，供

顾客暂时休息、等待座位或等待尚未到达的同伴。前厅休息区的大小和座位的多少视餐厅的大小而定，可有几个座位，也可有几十个座位。休息区常用的家具是沙发与茶几组成的沙发组。

作为一个过渡空间，也作为顾客最先接触的空间，前厅中应有一些装饰品，可以摆放一些具有特色的工艺品，也可以设计喷泉、水池等自然景物。当餐厅占有几个楼层时，前厅还应紧靠楼梯与电梯。

前厅与大堂之间可设置装饰性较强的普通门，也可设置全景门、落地罩或附带博古架的门洞等。图 6–2–4 所示为某餐厅的前厅设计。

图 6–2–4 某餐厅的前厅设计

三、前厅设计案例

该案例展示的是深圳市某私房菜馆的前厅设计。该私房菜馆的面积为 400 m^2，采用中式设计风格，前厅中大量的中式元素和现代装饰材料有机融合，散发着浓厚的中国传统文化的韵味。

从该私房菜馆入口进入，可以看到一条过道，过道尽头是前台，过道的天花采用斜面吊顶，过道位置的墙面水墨层峦，暗藏的灯带发出氤氲的光，充满意境，如图 6–2–5 所示。

图 6–2–5　某私房菜馆的前厅设计

第三节　大堂设计

一、大堂设计的基本原理

大堂空间是餐饮空间的重要组成部分，是可以满足多人同时就餐需求的空间。大堂空间设计要充满格调和品位，能够给人以舒适感，让人赏心悦目。图 6–3–1 所示为拾味馆的大堂设计。

1. 大堂的区域划分

大堂是餐饮空间中为顾客提供就餐服务的空间，包括桌椅之间的空间、餐桌之间的空间、就餐时顾客与顾客之间的空间等。大堂的就餐区可以分为卡座区、散座区。

图 6-3-1　拾味馆的大堂设计

（1）卡座区，也称雅座区，主要用于满足顾客就餐时尽端趋向的心理需求。卡座区的表现形式有很多种，如使用高靠背的弧形、U 形沙发，利用地台、隔断、软装饰等打造半包围结构的就餐单元，从而营造出一种私密、幽静的氛围，如图 6–3–2 所示。

卡座有以下几种类型：

1）一字形卡座。这种卡座最为常见和普遍，设计人员可以利用转角等空间，制作一字形卡座，并在卡座下设计储物柜。

图 6–3–2　卡座区设计

2）L 形卡座。L 形卡座相比一字形卡座收纳空间更大，但占用的空间也大一些。

3）弧形卡座。弧形卡座美观、装饰效果好，但占用的空间比较大。

（2）散座区是指布置在大堂中，用以满足大量零散顾客就餐需要的区域，各个就餐单元的容量、大小设置应考虑顾客就餐时的活动空间，以达到各个就餐单元之间互不干扰的目的。毗邻主要服务通道的就餐单元，设计时需考虑服务人员的上菜线路、服务方式等因素。图 6–3–3 所示为散座区设计。

图 6–3–3　散座区设计

2. 大堂设计的要求

（1）应以多种有效的手段（利用绿化、半隔断等）来划分和界定不同类型的就餐区。

（2）就餐区的装饰风格、餐桌椅的布置方式应与就餐区的功能相适应。

（3）应有宜人的空间和良好的通风、采光等。

（4）大堂应紧靠厨房，但厨房的出入口应设置得比较隐蔽，避免厨房的气味和油烟进入大堂。

（5）大堂的色彩设计应与餐厅的装饰风格相契合，同时，大堂色彩设计时还应考虑采用能增进人们食欲的色彩。图 6–3–4 所示为大堂设计。

图 6–3–4　大堂设计

二、大堂设计的方法

1. 天花设计

大堂天花设计应该根据餐饮空间设计的风格而定，如欧式风格餐厅的天花可以设计成向内凹的圆形，以凸显富贵、气派；自然风格餐厅的天花可以采用纹理清晰的桑拿板或竹节元素，以营造出朴素、休闲的氛围。大堂天花设计还可以采用灰镜，利用镜面的反射作用，打造奇特的装饰效果。图 6–3–5 所示为大堂天花设计。

2. 墙面设计

大堂墙面设计以主要背景墙设计为中心，它是大堂立面设计的重点，它的造型应与餐饮空间的风格相协调。大堂墙面多利用装饰材料进行外饰处理，常用的装饰材料有大理石、壁纸、抛光砖、饰面板、乳胶漆等。此外，大堂墙面上还可悬挂一些暖色调的装饰画等，以打造温馨、优雅的气氛，增进人们食欲。图 6–3–6 所示为大堂墙面设计。

图 6-3-5　大堂天花设计

图 6-3-6　大堂墙面设计

3. 地面设计

大堂地面因为较容易沾染油污，所以应选用表面光洁、易清洁的装饰材料，如大理石、抛光地砖、木地板等。为防止单调，可将地面做拼花处理，甚至可以使用钢化玻璃，以展现独特的装饰效果。图 6-3-7 所示为大堂地面设计。

图 6–3–7　大堂地面设计

4. 灯具选用与照明设计

大堂的灯具主要是餐灯，其造型应简洁明了，但灯光要足够亮。大堂内最好安装方便实用的上下拉动式灯具，采用这种可调控灯具时可以根据人们用餐时的氛围需求和用餐规模的大小合理设置灯光的亮度和照射面积。大堂灯光的颜色应以柔和、淡雅的暖色为主，利用柔和的漫反射光线，烘托大堂的就餐气氛。图 6–3–8 所示为大堂灯具选用与照明设计。

图 6-3-8　大堂灯具选用与照明设计

5. 装饰品的选用

装饰品的选用是大堂设计中不可缺少的一部分，好的装饰品可以增添大堂的情趣。常用的大堂装饰品有装饰挂画、植物、艺术陈设品（陶瓷、藤编、竹编）等，装饰品布置不可杂乱。使用装饰品的主要目的是通过其独特的造型和鲜明的色彩强化大堂设计的风格，如图 6-3-9 所示。

图 6–3–9　使用装饰品的大堂

6. 尺寸设计

大堂的尺寸设计主要包括就餐区的尺寸设计以及通道的尺寸设计。大堂通道的尺寸设计可参考图 6–3–10，就餐区桌椅、通道尺寸设计可参考图 6–3–11。

（1）常用卡座的尺寸如下：

标准型卡座的尺寸：长为 120 cm，宽为 70 cm，高为 110 cm。

双人卡座的尺寸：长为 120 cm，宽为 60 cm，高为 110 cm。

三人卡座的尺寸：单面座的卡座长为 120 cm，宽为 59 cm，高为 105 cm；双面座的卡座长为 120 cm，宽为 110 cm，高为 105 cm。

四人卡座的尺寸：长为 120 cm，宽为 120 cm，高为 110 cm。

（2）常用方桌和圆桌的尺寸如下：

两人方桌的尺寸：一般长为 600 ~ 900 mm。

四人方桌的尺寸：最小尺寸为 900 mm × 900 mm，长方桌的尺寸为 1 200 mm × 750 mm。

六人长方桌的尺寸：1 500 mm × 750 mm，1 800 mm × 750 mm。

八人长方桌的尺寸：2 300 mm × 750 mm，2 400 mm × 750 mm。

圆桌的尺寸：一人桌最小直径为 750 mm，两人桌最小直径为 850 mm，四人桌最小直径为 900 mm，六人桌最小直径为 1 200 mm，八人桌最小直径为 1 300 mm。

餐桌高一般为 720 mm，桌底下净空为 600 mm，餐椅椅面高一般为 440 ~ 450 mm。

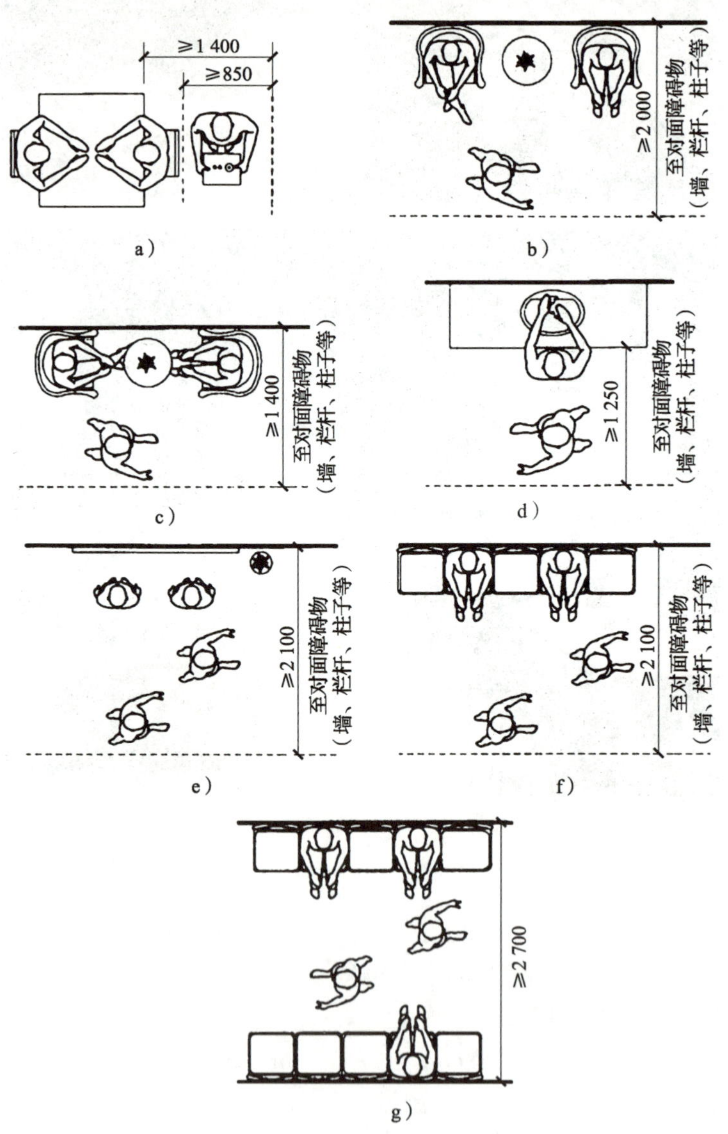

图 6-3-10　大堂通道的尺寸

a）就餐区的服务通道　b）带休闲功能的通道 1　c）带休闲功能的通道 2　d）洗手池边的通道
e）带展示功能的通道　f）带等待功能的通道 1　g）带等待功能的通道 2

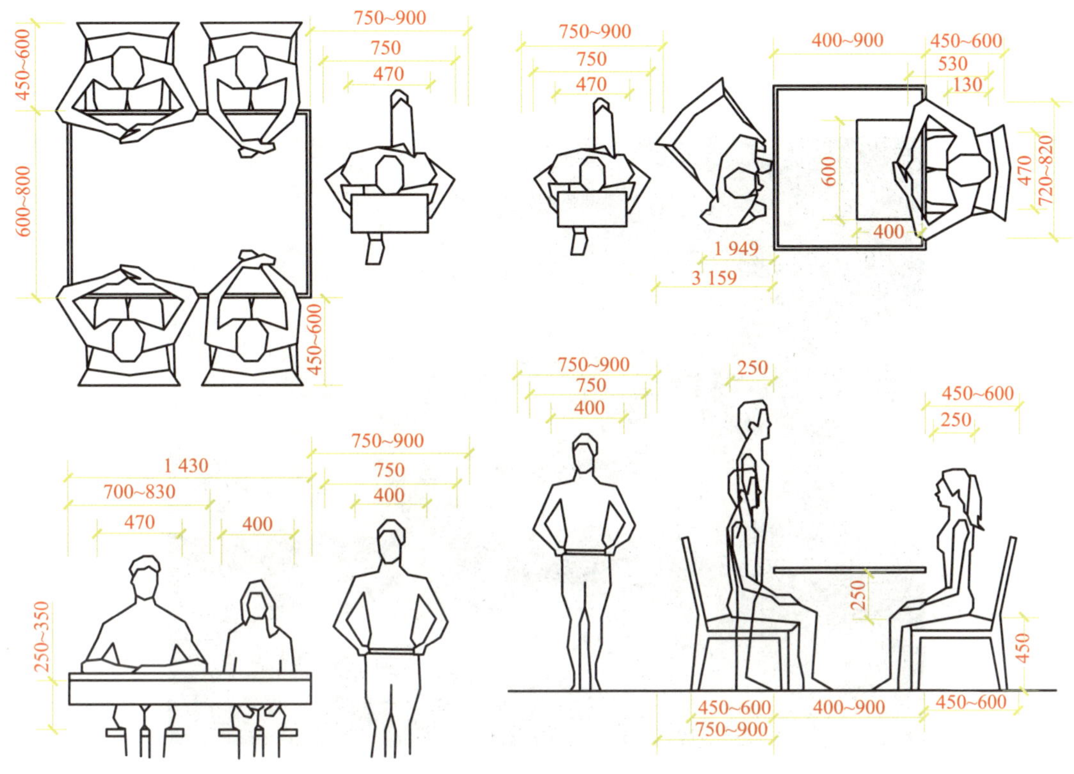

图 6-3-11 就餐区桌椅、通道的尺寸

三、大堂设计案例

该案例为凑凑火锅店的大堂设计实例，该火锅店设计风格为新中式风格。设计师将中式的审美意象和园林风格贯穿融入大堂设计之中，为人们带来“一步一景”的视觉体验。整个大堂不再是单纯的就餐空间，而是顾客进行文化体验的空间。图 6-3-12 所示为凑凑火锅店大堂设计。

大堂色调设计以东方底色调渲染人间烟火气，利用光影的韵律打造氛围感。大堂装饰材料以混搭原木、冷轧钢板等为主，利用它们打造复古感和现代感兼备的就餐空间，同时利用园林式的装饰增加空间的层次感。大堂天花上波澜起伏的镂空金属板柔和地反射出点点光辉，像波光粼粼的水面，如图 6-3-13 所示。

大堂客座区设计借鉴了中式建筑的设计方法，采用金属网和藤编隔断打造了半私密的就餐空间。在多人客座区，设计师用木质材料搭建出流线型的镂空隔断，巧妙地呼应了“山峦”和“河川”的意象，打造了半开放的就餐空间，如图 6-3-14 所示。

图 6-3-12　凑凑火锅店大堂设计

图 6-3-13 凑凑火锅店大堂天花设计

a)

b)

图 6-3-14　凑凑火锅店大堂客座区设计

第四节　包厢设计

一、包厢设计的基本原理

包厢是指餐饮空间中相对独立的封闭式空间，能满足 4 名以上顾客同时就餐的需求，具有一定的私密性，如图 6-4-1 所示。

1. 包厢设计的要求

对于小型餐厅、快餐店，由于其经营特点及占地面积的限制，一般不设包厢；对于大中型餐厅，其包厢的设置要相对完善，包厢分为普通包厢和 VIP 包厢。

a)

b)

图 6–4–1　包厢

从内部使用功能的角度来说，普通包厢除应具有满足群体顾客就餐需求的基本功能外，还应具有满足群体顾客放置物品、挂衣、会谈、休息等需求的功能；VIP 包厢中一般设有卫生间、备餐间、表演台等，它能最大限度地满足顾客的基本需求和对私密性的需求。图 6–4–2 所示为某大型餐厅的包厢设计。

包厢墙壁和天花应使用隔声材料装饰，以避免噪声的干扰。包厢之间的门不要正对着，应尽可能错开；VIP 包厢的出入口与其备餐间的出入口应分开设置，以使顾客通道与服务通道分开，避免顾客流线与服务人员流线交叉。可考虑采用各种活动的隔断，以满足大小不同的顾客群体的就餐需求。每个包厢应有不同的名称，以显示其唯一性、独特性，并且包厢名称应与包厢的整体设计风格或餐厅主题相契合，以引发顾客的心理共鸣，如荷塘月色、风竹清音、丹枫碧影等。图 6–4–3 所示为常德柳叶情餐厅包厢设计。

a)

b）

图 6-4-2　某大型餐厅的包厢设计

图 6-4-3　常德柳叶情餐厅包厢设计（设计师：许容萍、冯锦华）

2. 包厢的类型

包厢按面积大小不同可分为小型包厢、中型包厢、大型包厢。

（1）小型包厢。基本家具为一套 10 人用桌椅和一个能放置电视机的餐具柜。考虑到部分顾客群体的需求，有些餐厅中也有可容纳 6 人或 8 人的小型包厢，这类小型包厢也很受人们欢迎。一般来说，小型包厢的面积为 12 m^2 左右。

（2）中型包厢。与小型包厢相比，中型包厢中有休息区，休息区一般有一组可供 4 ~ 5 人同时休息的沙发及一台液晶电视，有些中型包厢内还配有 KTV 设备。中型包厢的面积一般为 16 m^2 左右，其中可以放置一套 12 人用桌椅及其他设备、家具。图 6-4-4 所示为西安文景观园餐厅中型包厢设计。

（3）大型包厢。一般可容纳 12 人以上，除了有电视机、沙发组及 KTV 等设备、家具，通常还有一个小型舞池。有些大型包厢内有两张餐桌，可容纳 20 ~ 30 人。

图 6-4-4　西安文景观园餐厅中型包厢设计（设计师：许容萍、冯锦华）

二、包厢设计的方法

1. 空间布局

要合理利用建筑空间，包厢最好设置在有窗户、层高较高的空间内，以避免包厢空间太小而影响顾客的就餐情绪。包厢门不要正对着餐桌，否则包厢内的情况会被过道上的人看到，顾客会有隐私被泄露的感觉，在不得已情况下可以用屏风等遮挡包厢入口。图 6-4-5 所示为西安文景观园餐厅包厢的空间布局。

图 6-4-5　西安文景观园餐厅包厢的空间布局（设计师：许容萍、冯锦华）

2. 风格

包厢的风格设计方式有两种：一种是创造比大堂更加舒适、优越的环境，这类包厢的风格不会脱离餐厅的整体风格，反而会强化餐厅的整体风格，让餐厅整体看起来更加舒适，档次看起来更高；另一种是根据特定的主题为各个包厢打造一系列不同的风格，但设计原则依旧是包厢环境要比大堂环境更加舒适。图 6-4-6 所示为常德柳叶情餐厅包厢风格设计。

图 6-4-6　常德柳叶情餐厅包厢风格设计（设计师：许容萍、冯锦华）

3. 装饰材料

包厢墙面、窗户和天花要尽可能隔声，因此，包厢墙面要选用隔声材料装饰，窗户上要安装隔声窗帘或使用隔声玻璃。同时，要根据餐厅的定位和包厢空间的大小，用地毯、艺术装饰品、软质沙发、屏风等装饰包厢，以提升顾客的体验感。

4. 灯具与照明

包厢照明要充足，光线太暗会使环境压抑，降低顾客的食欲，光线太亮、过于刺眼会导致顾客视觉疲劳。要利用灯光的明暗打造空间的层次感，除非要营造独特的氛围，否则应尽量少用过暖或过冷的灯光。餐桌上方可采用吊顶灯、筒灯等，要充分利用灯光照明增加食物的色彩饱和度，增进顾客的食欲；同时，在包厢的其他部位，可用艺术性灯光突出包厢内的艺术壁画或摆放的艺术装饰品，以营造独特的环境氛围。图 6-4-7 所示为西安文景观园餐厅包厢照明设计。

图 6-4-7　西安文景观园餐厅包厢照明设计（设计师：许容萍、冯锦华）

三、包厢设计案例

该案例为凤凰雅厨私厨餐厅的包厢设计实例。该包厢设计采用现代新中式风格。设计师对包厢空间做了细腻的划分，在继承浓厚粤式文化底蕴的基础上，大胆地将一些现代的设计元素融入包厢设计中，以烘托整个包厢的氛围。该包厢设计线条简单流畅，细节精致，空间充满层次感和跳跃感，如图 6–4–8、图 6–4–9 所示。

图 6–4–8　凤凰雅厨私厨餐厅的包厢设计 1

图 6-4-9 凤凰雅厨私厨餐厅的包厢设计 2

第五节 综合实训

一、项目概况

根据某餐厅的建筑平面图（见图 6-5-1），制定其餐饮空间的设计方案。

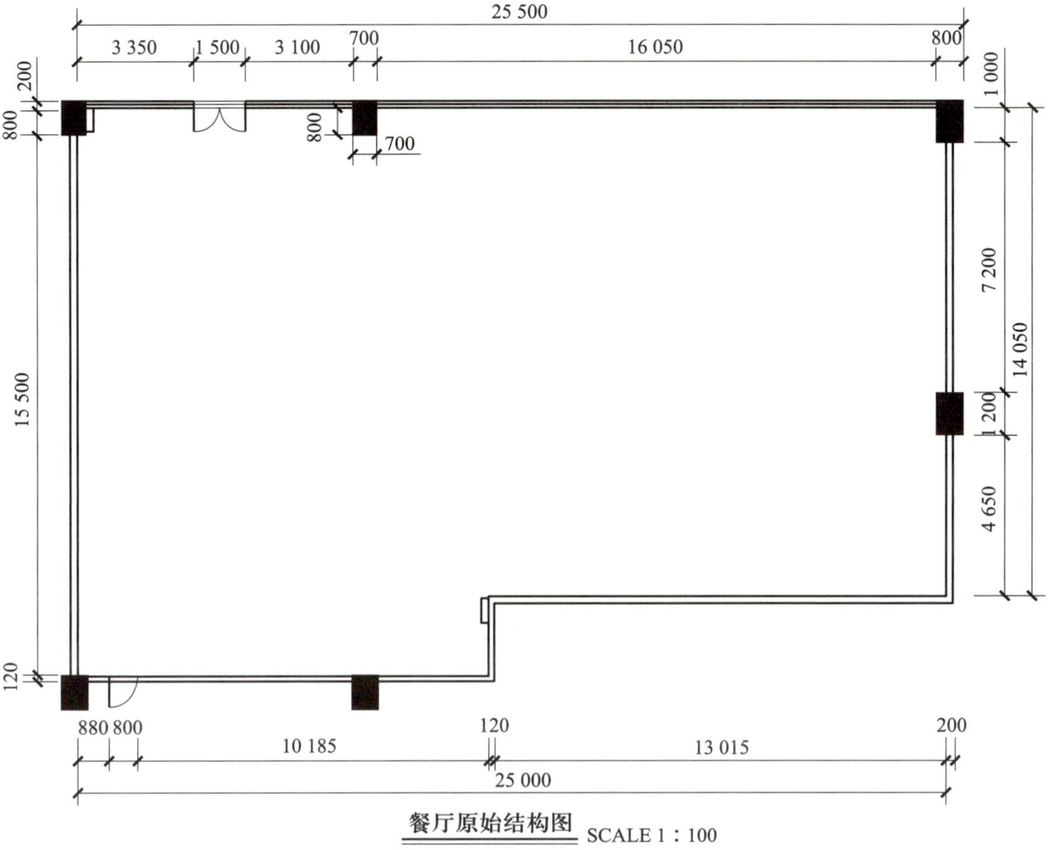

餐厅原始结构图 SCALE 1：100

图 6-5-1　某餐厅的建筑平面图

二、背景信息

1. 该餐厅位于广州市建设路，临街，该路段非常繁华，人员密集，交通便利。

2. 该餐厅建筑面积为 430 m^2，层高为 4.5 m。

3. 该餐厅为主题餐厅，需有前台接待区、收银区、大堂、包厢、卫生间、厨房等功能区。

思考与练习

1. 餐饮空间设计的原则有哪些？
2. 餐饮空间可以分为哪些功能区？
3. 在餐饮空间功能区划分和通道设计时要注意哪些问题？
4. 认真观察身边的餐饮空间的前厅设计，分析其设计思路。
5. 大堂设计主要包括哪些设计内容？